幸福
文化

少女凱倫 花芸曦——著

15分鐘寫出爆紅千字文

拆解文章高點閱、高轉發的吸睛原理，
讓寫作興趣成功變現的自我實踐專書

15MINUTES

目錄

前言

寫作如健身，累積下來一定會有成果

第一章

寫作，是邁向「創作者經濟」的起手式

第二章

讓寫作從興趣升級成專業的技巧修練

第三章

10個文字昇華技法，打造全方位個人寫作術

第四章

突破寫作習慣線，「字詞轉換練習」建構文字資料庫

第五章

從曝光到行銷，知識商品化的變現指南

推薦序

你的平凡人生也能瞬間發出強光

華語首席故事教練／**許榮哲**

先問一個問題，底下這個故事，在個人臉書PO文之後，估計可以得到幾個分享數？

（A）個位數　（B）數十個　（C）上百　（D）成千

故事是這樣的——

當年，我就讀台大研究所二年級，正在寫碩士論文的我，對於未來非常的迷惘。某天，我在台大籃球場遇到一個電機所的學長。我一直認為我的迷惘來自於就讀的科系太冷門（當年叫農工所，後改名生工所），眼前的學長就讀的是台灣最熱門的科系，再加上已經讀到博士班四年級了，這樣的人對未來肯定十分篤定、有把握。

於是我問他：「學長，你一定很清楚未來該怎麼走了。」

沒想到學長竟然搖頭說：「事實上，我非常、非常、非常的迷惘。」

這個故事在我的個人臉書PO文之後，得到幾個分享數？大部分的人都選擇A或B，個位數或者兩位數，因為這個故事並不起眼，然而正確答案是D，分享數超過千個。

為什麼？怎麼可能？請容我賣個關子，三分鐘後再告訴大家。

年初，我與文壇朋友聚會聊天。聊著、聊著，我們聊到小說家與故事教練的差別。起因，我從一個「四十歲以下最受期待的小說家」，短短幾年，搖身一變，成了「華語首席故事教練」。

「這兩者之間的差別是什麼？」友人問。

我說：「要成為文學作家，至少要十年的時間；至於寫作，寫出個人品牌，只需要三年。」

上面的話，說得絕決而武斷，但我無法給出一個科學、量化，足以說服人的答案。直到我拿到少女凱倫的新書《15分鐘寫出爆紅千字文》時，內心大叫一聲，靠寫作建立個人品牌，三年之內必有成，答案就在這本書裡。少女凱倫把寫作的方法、修文的竅門，以及發表平台的優劣，全都一五一十的告訴你了。

舉書裡提到的一個方法跟大家分享：如何突破同溫層，寫出讓人瘋傳的文章？關鍵就在「運用時事、專業、話題，來和自己的內容連結！」

簡單說明一下何謂時事、專業、話題。

- **時事**：現在進行式，媒體競相報導的熱門新聞
- **專業**：只有你才寫得出來的東西
- **話題**：不分年紀，老少都能說個幾句的事

還記得一開始提到的那個分享數破千的平凡故事嗎？

我運用的正是——將內容，與時事、專業、話題三者，合而為一。

一、我的內容雖然不起眼，但我選在「大學指考放榜那一天」PO文，這就是「時事」。

二、我把文章導向「文憑的迷思」，這是大部分的人都走過的路，人人都能摻一腳，說個幾句，這就是「話題」。

三、最後是「專業」，我在文章裡提了一個問題：「你知道走完北斗七星的最短距離嗎？」

從二維平面來看，北斗七星的最短路徑是從斗口，一顆接一顆，一路走到斗杓。然而很不幸的，星星存在於三度立體空間。斗口的第一顆星「天樞」，正好距離地球最遠（一百二十四光年），意思就是一般人眼中的最短距離，其實是星星的最長距離，一如「你以為文憑是捷徑，最後才發現它是人生的遠路」。

融入時事、專業、話題之後，我的平凡內容瞬間發出強光。這篇文章PO出之後，分享數高達一千三百五十一個。然而明明一模一樣的內容，我在前一年就寫過，卻只有二十四個分享數。

為什麼第一次只有二十四個，第二次卻高達一千三百五十一個，兩者整整差了五十六倍？

仔細一核對，就是《15分鐘寫出爆紅千字文》書裡提到的「時事、專業、話題」，它們與我的內容四合一了。

現在你相信，有了對的人和對的書在前頭引領，寫作效率絕對可以大大提升了吧！我所謂的寫作三年有成，搞不好現在只需要三個月。

從三年到三個月，兩者足足差了十二倍耶，這也太扯了。

對，真的太扯了，這就是這本書的驚人之處。

推薦序

寫出影響力

企業講師、作家、主持人／謝文憲

民國七十六年，武陵高中畢業的我，大學聯考國文只考四十四分，連低標都不到，所有心心念念的新聞系、大傳系，全部失之交臂。

民國一〇〇年，我出版第一本書《行動的力量》，獲得廣大迴響，同時也打開我的講師知名度，往後十年，共出版十本書籍。

民國一〇二年，我陸續在商業周刊、蘋果日報、遠見華人精英論壇撰寫職場專欄，長達九年，共計三百餘篇，很多朋友是透過專欄認識我的。

我承認我的國文底子弱，但我的觀察力強，對於人物與事件的描寫，獨樹一格，加上自己的邏輯寫作風格，成功走出一條屬於自己的路。

我的訣竅只有三個：

你從哪裡開始並不重要，重點是你要去哪裡？

盡量別靠靈感，寫作肌肉也是需要鍛鍊的。

寫作需要邏輯結構與方法技巧，光只有努力，效果不大。

如今，大家不必這麼辛苦了，我看完凱倫的書稿，回想我們認識的過程，也都是被她的寫作能力打動：

民國一〇九年底，凱倫寫了一封信給我，邀我參與她的跨界讀書會，我秒被她的文字打動，同時我也約她上我的廣播節目專訪，聊聊她的第一本書。

民國一〇一年中，我參與她在1號課堂的音頻節目專訪，對她的邏輯陳述力與訪談親和力，印象深刻。

稍早，我收到她的新書推薦邀約，我還沒看完她的文字，就馬上答應她的請求。

這就是凱倫的魔力，這就是文字的魔力，這就是凱倫文字的魔力。

我們相差二十二歲，以往對於年輕朋友的邀約，我大多覺得共鳴度不高，很難答應什麼請求，有時也幫不上太多忙，但凱倫不一樣。

她精準的文字，具邏輯性的陳述，加上禮貌的態度，往往讓人難以拒絕。

認識她更深以後，更覺得她是一位辛苦耕耘，努力付出的年輕朋友，不出多久，她肯定站穩一席之地，發光發熱。

我靠文字翻轉人生與事業，有了今天的我，凱倫用她專屬的寫作專業，教導讀者如何穩定發文、引起共鳴、抓住讀者。

或許我們兩人的故事，也能翻轉各位的人生與未來，這本好書，會讓每位讀者善用流量變現，用文字創造影響力。

推薦序

在成爲跨界高手的背後，是一顆懷抱熱情與分享的初心

新北高中國文老師／**黃珊珊**

「樹越是嚮往高處的光亮，它的根就越要向下，向泥土，向黑暗的深處。」——尼采

身為一個高中國文老師，我看過無數的《寫作秘笈》、《30天練成寫作高手》這種類型的作文書，作者不外乎是德高望重的國文老師或是作家，目的在告訴讀者如何短時間內提升作文應試能力。

作文是一門高深的學問，然而，只是學會如何寫考試作文，這樣就夠了嗎？

相信不少正在或是即將經歷一〇八課綱的學生家長及老師，都面臨到如何製作「高中學習歷程檔案」的困境。如何有條理、有效率將自己的學習經驗編排成一篇篇動人的簡報與文章，是全台灣高中生目前最緊迫的一項挑戰。這考驗的不僅僅是應試作文的能力，更需要大量的文字素養力。

這本書正是一本值得推薦給所有需要經營自我形象、展現專業能力的寫作者。在還沒看這本書之前，我要先來爆料作者少女凱倫的青春故事，說說她是如何像一棵向下紮根的大樹，慢慢茁壯成如今優秀的模樣。

●當過記者的她，文字總是精準有效率

幾年前我偶然間打開電視，一邊播放新聞一邊摺著衣服，突然間一個社會新聞吸引我的注意。我專注聽著新聞報導的內容，教書多年第一次看到自己

的學生上了社會新聞。真是嚇了我一大跳！然而令我相當開心的是：上社會新聞的學生，不是事件的主角，而是台風穩健、報導精準、咬字發音好聽的記者。從此，我常常鎖定這個新聞頻道，看著她越來越從容不迫的採訪及報導，記憶就這樣被勾了起來。

●對生命充滿熱情的她，小小年紀就懂得抓住受眾者的目光

我還記得她是我第一屆帶畢業的導師班學生，那時候我剛開始教書不到三年，身為國文老師卻要帶一個理組班學生，菜鳥老師加上文理組性格差異，帶班相當辛苦。對她的印象，我只停留在兩件事上。

她很熱愛啦啦隊，熱愛到超乎一切的執著。想當然爾，和熱愛社團的所有高中生一樣，課業成績當然慘不忍睹。當我找她來輔導談話的時候，看她談及啦啦隊的發光眼神，我知道那是對事物純粹喜愛的光亮。那個眼神，打動了我，也把所有教誨化成對她的鼓舞。

另外一件讓我印象深刻的事情是：升上高三，為了訓練學生作文素養，我讓每個孩子輪流去圖書館找一篇雜誌上台分享。理組班的孩子們對這份額外的作業個個慘叫連天，但輪到少女凱倫的時候，她選了非常有趣的科學人文章，有條理又認真的完成了她的上台報告，成功吸引了我這個完全不會閱讀科學雜誌的國文老師，直到她畢業十幾年後的今日，我依舊記得她報告的內容！

● 專業又動人的跨界高手

在我回到職場重新帶班的時候，想邀請優秀的學長姐返校分享生涯規劃的經驗，第一時間就想起了她。令我感動的是，即便正在工作，百忙之中的她馬上一口答應。她不僅僅只是特地撥出時間回到母校向從未謀面的學弟妹們分享自己的生命經驗，還精心準備一百多頁的PPT，有條不紊又生動活潑的分享，連我在台下都聽的津津有味。

過了不久，她出書了，還寄了很多本送給當時的學弟妹們。我認真讀完她的故事，像是再陪她經歷了一次精彩的青春歲月，也看到了她一路以來的努力。更重要的是，願意將這一切經驗分享給大家的那種熱情，讓我忍不住一天就看完那本動人的書。

今年收到她的電話，問我是否願意為她的新書寫一篇推薦序？我當然二話不說就答應了。因為我相信這絕對是一本知識含金量很高但又平易近人的書，如同她精彩的高中作文、上台報告、返校演講一樣。

書裡層次分明的論述、累積十年以上的深厚功力，在現今人人想成為網紅的時代，我會向我的學生以及所有認識的人們推薦這本能讓寫作、寫腳本、寫文稿等文字素養力功力大增的書。

自序

我用寫作改變了人生

作者／花芸曦（少女凱倫）
二〇二二年七月

你相信，寫作可以翻轉人生嗎？

我相信，也實現。

我小時候有溝通障礙，無法好好敘述一件事情，腦袋裡有很多想法，但卻無法說出口，因此遇到不公平的事情，往往選擇忍氣吞聲、不敢為自己站出來，經常在學校遇上霸凌，每當這個時候，我就會在手帳提筆寫下這些痛苦的心情。

還記得高三時，作文模擬考題目是「我的願望是……」，那時我正被全班霸凌，沒有什麼朋友，希望有機會改變這樣的慘況，因而成為迎合他人的角色，但心裡滿是憂慮、焦躁，也沒成效，好想知道如何改變自己的人生，於是我在作文題目寫下「我的願望是當一棵樹」，原因是樹什麼都可以不用做，只要靜靜站在那，需要它的人、喜歡它的人就會自動靠近、坐在樹下乘涼，也不惹人厭，只需要好好做自己。

這一篇作文，拿下了全班第一高分，我很詫異；班導師宣布時，還可以感受到同學不以為然的目光，於是我拿著考卷跑到老師身旁，小聲地確認「分數是不是改錯了？」老師看著我說：「沒有改錯，因為我可以從文字中，感受到你的心情。」

聽完老師的回饋，我把考卷抱在懷裡，不得不承認，我的確就是在寫自己，這是我第一次感受到，原來透過文字，心情可以被體會，也能表達自己的想法，更是第一次感受到，原來文字可以為自己帶來鼓舞的力量。

文字的魅力，似乎就在當時悄悄深植在心裡。

不過，缺乏了練習環境、使用情境與大量練習，「寫作」這件事在當時並非是我的人生志向，更沒有想到寫作未來會在生命中有著舉足輕重的地位。後來，大概是命運的安排，我誤打誤撞地就讀了大眾傳播學系，接連著讀了傳播所，在八年的求學時光中，訓練自己對於媒體的認知及敏感度。

畢業後進入了新聞媒體產業，從專業、高壓、實事求是的環境裡，幸運地歷練了專業的文字寫作力，更屢屢突破百萬點閱，創下公司紀錄。因著從電視到網路媒體、影音報導到文字報導的環境淬煉，這些沈浸式的學習過程，讓我掌握了多元領域的非虛擬式寫作技巧。因工作關係需要多方、密切地搜集資料、與人連結，從而訓練起思考力、邏輯力、溝通表達能力等職場技能，一般人可能一輩子都沒有機會的改變，我卻在短短幾年完全擺脫上台會發抖、不敢表達的自己。

順應社群時代興起，我經營起粉絲專頁、Wordpress，透過文字抒發心情、記錄工作以外的想法。那時上班已需要大量撰稿，但我下班仍可每日再撰稿三篇，孜孜不倦、對寫作意外地有熱忱，爾後幸運地累積些許網路聲量，並有機會以文字接案賺取額外收入，逐漸地開啟了演講、出版書籍之路，與開課平台合作成為了講師，從此開拓人生不一樣的視野。

寫作，讓我從不會表達、懦弱性格的人，到擁有自己的邏輯思考能力、判斷力、溝通力；從沒人在乎我的想法，到能夠分享想法給大眾，親「手」開啟了人生全新的選擇，實踐人生不是單選題，也讓我建立了個人品牌（Personal branding），真心感謝過往所有磨練帶給我的成長。

創作者經濟時代來臨，經營個人品牌已是顯學，為幫助更多想朝這條路發展的人，本書會系統化地整理我這幾年來學習、累積的文字撰稿技巧，由淺入深，並分享十五分鐘內撰寫千字文的要領，透過多樣的案例、步驟拆解及架構表的提供，讓讀者可透過本書反覆練習，動筆撰稿，逐步感受自己的成長與改變。

文字需要平台才能發揮影響力。因此在最後一章節，整理目前文字創作者、個人品牌經營者可經營的平台、管道分析全指南，並針對每一個社群平台做優劣勢分析，最後則和各位讀者分享知識變現各種可合作的模式與注意事項。

若想要達到「爆紅」，應該客觀檢視每個人的基礎、圈層及定義有所不同。如果從一篇貼文十個讚到三百個讚，能算是一種爆紅、粉專一天從一千人到五千人也是爆紅，不應將「爆紅」一詞直接聯想等於為「眾人皆知」，畢竟每個人的起點不同、目標不同。一個人的表現是無法去脈絡化的衡量的。

寫作沒有捷徑，這是一本持續七年不間斷寫作的經驗分享工具書，將不同的寫作法系統性整理出來。讀者需要的是長期堅持寫作，且順應時代變化，學習運用不同平台加乘，主動為自己發聲，從實踐中養成最適合的寫作方法。但願你透過本書能有豐足的收穫，「實踐」且轉變自己的人生。

前言

寫作如健身，
累積下來一定會有成果

用寫作鍛鍊出翻身的五種實力

世界經濟論壇（World Economic Forum）出版的《二〇二〇未來工作報告》中，調查在職進修者跟待業者，在二〇二〇年所註冊的線上課程類型，分別列出這兩個族群最重視的技能。

【二〇二〇年在職進修者最重視的技能】

① **寫作能力**　② 策略分析　③ Python 程式語言

④ 正念 Mindfulness ⑤ 靜坐與情緒管理

【二〇二〇年待業者最重視的技能】

① Python 程式語言 ② 演算法 ③ **寫作能力**

④ 策略分析 ⑤ 人工神經網路

無論是在職進修者或待業者，所重視的技能都有「寫作能力」，這也代表寫作力，是人們必須精進的能力之一，且可以為職場專業表現增值。

很多人以為「寫作」單純是在練文筆，但其實寫作延伸了許多職場軟實力，包含了資訊彙整、觀點養成、邏輯思考、口語表達、企劃發想等等不同廣度的能力。以「寫作」基礎衍生而來，是無可取代的能力，也能隨著職場或生活轉換「帶著走」。

寫作分為許多類型，有文學性質寫作、小說、散文等等，在本書中泛指的「寫作」或「文章」，是以一千字以上至兩千五百字以內的網路文章為基礎，並衍生出其他的職場軟技能。

接下來我就一一拆解，透過「寫作」如何養成這五種重要的軟實力。

（一）資訊彙整力：練習判斷「價值」

「寫作」，是作者、作家、筆者本身對一件事情的理解與感受，透過文字詮釋，並撰寫成一篇文章、一本書籍等等不同的文本。而要透澈理解一件事情，需要大量地搜集資料，針對不同的資料，擷取不同的資訊，加以透過文字轉譯，將原先看似龐大複雜的內容，用口語且好懂的方式，讓讀者能更快速地理解一件事情。

為了讓讀者理解作者所撰寫出的內容，作者本身就有其責任，搜集正確並客觀的資料，因此「寫作者」在長期書寫下，便能訓練資訊彙整的能力。

然而，**資訊彙整的能力，不只是名詞上的「彙整」，更包含了判斷資訊的「重要性」、「關聯性」、「價值性」、「正確性」**，並透過寫作者本身的經驗，及文章內容之主軸，來決定此份資訊是否要引用在本次撰寫的作品當中，或者是備而不用，作為下次撰寫時的素材。

● 資訊重要性

判斷一份資訊的「重要性」，可以從以下方向思考：

- 如果少了這份資訊，文章會不會不夠有分量？
- 如果少了這份資訊，文章會不會備受質疑？
- 如果少了這份資訊，文章會不會缺乏可看性？

舉例來說，若要撰寫「本土疫情爆發」為主軸的文章，那麼應該思考對大眾及讀者來說，什麼樣的資訊可以讓他們認同且接受「爆發」的形容？

最關鍵的指標，就是「本土案例數增加」。這時候就必須要引用中央疫情指揮中心每日公布的疫情確診數字，這個數字就是本篇文章最重要的資訊，如果不引用，卻又想提到本土疫情爆發，就會讓讀者失去判斷的依據。

假設今天要撰寫《富比士》雜誌「Forbes 30 Under 30」台灣得獎者資訊，那當然少不了去富比士網站尋找Under 30的台灣人得主資訊，並且透過得獎者本身的經歷，再去延伸挖掘出新的內容。

資訊重要性的判斷其實一點也不難，掌握重要的資訊，也會是一篇內容的起源，挖出最關鍵的資訊，或者把資訊本身放在正確的位置，增加其重要程度，也能夠提升文章內容的深度。

● 資訊關聯性

在判斷資訊是否重要且需不需要引用後，判斷資訊關聯性也是一篇文章是否能具備邏輯的關鍵。資訊之間的關聯，以及「如何使資訊之間有所關聯」，便考驗了寫作者本身的實力，而這裡的「關聯性」又可再分為兩種：

（1）與文章主軸的關聯性：手中的素材，是否與文章本身「有關聯」

雖然從定義上來看，會很清楚地知道「沒關聯的內容不該放入文章」，但實際上在撰寫時，作者大都會有一種「每一件事情都好想說」的心態，從而把文章寫得越來越長，長到看到後面，就已經遺忘前面在講什麼內容。

要判斷素材是否有關聯性，一個好的做法是，可以在文章寫完之後，再下標題。下標題的過程中，你會發現有些內容跟標題無關，這就代表這些資訊都可以拿掉，或者彙整成另外一篇新的文章、寫成系列性文章，讓自己的素材不要浪費。

（2）資訊與資訊之間的關聯性

如同上述提到，很多寫作者會「越寫越長」，認為每一個資訊都很重要，這樣的心態當然沒有什麼問題，但關鍵在於「讀者是否有耐心？」

在資訊爆量的時代，讀者的注意力只剩下七秒鐘，如果你的內容本身，在開頭、連結（轉折）處缺乏吸引力，那麼要讓人看完一篇文章，是很難的一件事情。

因此銜接資訊之間的關聯性，就成了寫作者的挑戰。簡而言之，資訊彙整力，就是決定不同段落的資料如何敘述、分佈、串連，讓上下文連成一氣，就像木偶操偶師，以雙手一次操縱上百條線，木偶全身就在其控制之下的魔幻。

● 資訊價值性

資訊，需要放對位置，才能夠彰顯其價值。另一方面，「誰」或者「哪個單位」提出的資訊，更是至關重要。

舉例，若想探討年薪一百萬是否為高薪，我們可以上行政院主計處的薪情平台，以不同年紀、性別、產業、地區的薪資去實際比較。

假設未滿二十五歲、年薪一百萬，結果顯示「您的總薪資落在第9十分位數以上，有10%的受僱員工總薪資與您落在相同的區間，有90%的受僱員工總薪資低於您所在的區間」。

假設年齡位於四十歲至四十九歲之間，年薪一百萬，結果顯示「您的總薪資介於第7及第8十分位數區間內，有10％的受僱員工總薪資與您落在相同的區間，有70％的受僱員工總薪資低於您所在的區間，有20％的受僱員工總薪資高於您所在的區間」。

從上述的資料判斷，可以顯而易見得知，同樣的薪資、不同的年齡層對比，有極大的差距，年薪一百萬便有了不同的定義。當然依照「常理」而言，年紀大薪資較高相當「合理」，但是「合理的事實」，也必須要有依據，因此引用之資訊，是否有其公信力、來源為何，這就是資訊價值性的重點。

● 資訊正確性

在搜集資料時，很容易拿到「二級資料」，所謂的二級資料就是非官方公布、或者經過他人彙整，像是現今最多人接收的臉書粉專、KOL、YouTuber

整理的資訊，或者是新聞報導，都屬於第二手的資料。

但在撰寫內容時，作者必須對資料負起責任，查詢第一手的官方訊息，是非常基礎的起手式，而資訊正確性可依照以下特性評估：

- 是否為「官方資料」？
- 是否經過「市場調查分析」？數據經過信度、效度驗證，像是一般文組的學術論文，或者專業市調機構發布的報告、品牌白皮書。
- 是否經過「資料驗證」？像是科學實驗、期刊等研發團隊實際做出且發表、受認可的成果。

官方資料的取得相當容易，只要到各大品牌官方網站的「新聞訊息」就可以查到最新的資訊。當然官方資料也可能會有出錯的時候，但誠如前面說的，作者需要對資料負起責任，因此在資料正確性中，最關鍵的是「做好查證」、「標註來源」，以示對內容及作品的負責。

光是在「資料彙整力」當中，就有不少學問與功夫，因此寫作最基礎的基本功，並不是真的光是「寫」而已，而是如何好好判斷資料、運用資料，在撰寫時，才可以靈活寫作，而非制式化的「起、承、轉、合」。

（二）觀點養成力：打造有特色的寫作風格

在撰寫內容時，每個人都可能拿到一樣的公開資訊，但是卻有可能寫出完全不同觀點的文章，原因就在於「作者」本身的背景、大局觀、價值觀有所差異，就像廚師料理一般，每個人都有一樣的食譜，卻因為不同的料理方式、火候控制、入菜時機等等變因，做出不同的味道。

寫作是透過經驗累積而成的能力，沒有循規蹈矩的規章與規範，因為寫作本身就是一種創作，**因著每個人的生活經驗、撰寫經驗，將會造就完全不同的寫作風格。**

在大量寫作的過程中，因為要大量搜集資訊、判斷資訊可用性以及實際撰寫，在多重、多元的經驗累積下，看一件事情的角度也會越來越豐富、對一件事情有足夠的觀點及立場，從而以文字方式闡述，並影響他人。

書寫不只是整理他人資料、爬梳資訊，而是透過大量的資料歸納和演繹，形成自己的思考脈絡及觀察力，進一步將客觀資訊內化成「個人觀點」。

（三）邏輯思考力：養成清晰、連貫、有條理的思考方式

相較於把寫作當成興趣，在真正從事文字工作時，撰寫的內容，需要經過編輯、主管、同事之間的互相檢核，或者批閱，才能公開，幾乎是每時、每刻、每一篇文章，都會有多重把關及修改，因此在撰寫完成的當下就能知道自己的內容敘述是否正確、缺乏了什麼觀點、前後段落是否有邏輯問題等等，所以在

高壓快速的訓練之下，寫作能力在短短的三個月到半年就能提升到新的面向，包含自主地找到新的觀點、新的資訊，工作三年到五年，則可以一個人寫完上萬字的深度專題報導，不需要其他人的協助，也可以確保內容的實用性和真實性。

臺灣大學寫作教學中心也同時提到，「寫作是一種溝通方式，需要嚴謹的邏輯思維，除了句子跟句子之間的銜接要合適，每一個段落也都要與主題環環相扣，前後連貫，順序清晰，條理分明，這樣才能有效地溝通。身為作者，有責任確保讀者了解此一發展過程，寫作邏輯就顯得相當重要。然而，寫作邏輯探討的範圍相當廣泛，如思維邏輯、語意邏輯、情感邏輯、形象邏輯等。」

因此，透過寫作培養邏輯，有兩個關鍵：

① 自我反省

寫完文章後，審視自己的文章是否順暢，最好的方式是「將文章唸出聲來」，因為有時候寫文章會沈浸在自己的腦中思考，但實際上閱讀時，會有思考跳躍的可能，當你唸出自己的文章內容時，很快就能意識到哪些內容是連自己也看不懂、需要強化。

另一種審視方式，是「拆解文章結構」。寫完文章後，從第一段到最後一段，每一段用十個字以內，敘述這段文字的重點，並思考各個段落是否都圍繞著文章主軸，且段落之間具備邏輯性。

② 透過他人檢核

寫作時常常會有自己的盲點，或者是因為個人在某個領域太過專業，用到了專有名詞，但其他人看了反而不知道在談論什麼。這時候就需要透過身旁的友人或者網友協助，點出自己怎麼樣都審視不出來的邏輯問題，而最好的方法就是直接公開文章，接受網友的評價，這時候也能知道文章中的哪些敘述需要更正，久而久之，就會產生出自己的寫作風格。

（四）口語表達力：訓練快速的思考聯想和即時反應

《語文教學通訊》初中刊二〇〇五年第二期提到，「寫作是運用語言文字進行表達和交流的重要方式，是認識世界、認識自我、進行創造性表達的過程。基於此，口語與寫作就靠得更近了，其差別就在於口語是運用口頭語言進行表達和交流。」

在經歷過寫作的資訊彙整、觀點養成及邏輯思考培養，你會發現，個人的「詞庫」會大量增加，也很能「換句話說」，**即使是寫作，也會因為長期大量的思考、多元的聯想，開始將此技能轉換到「口語表達」上。**

以我自己而言，過去是一個不太擅長聊天的人，即使腦海中有想法，也沒辦法快速地整理、以口語表達。在進入職場工作之前，我只會做、不會說，但開始寫作之後，因著大量的資訊在腦海當中，再加上工作環境的驅使，我開始得即時、大量的口語演說和表達，並且學習如何做一個好的講者，注意自己的聲音語調、抑揚頓挫。

而除了「表面」的將聲音訓練得宜，談吐的內容更是重要，透過大量的寫作積累，我從不太會說話，到可以快速整理重點、線上直播一小時半、授課七小時，都是因為寫作的訓練。

（五）企劃撰寫力：用最簡單的方式說服人

許多作品的根基，都來自於「寫作」，而寫作進階則是有具體的「目標」。像是撰寫企劃書，比如活動企劃、專案企劃、影像企劃，甚至是創業企劃、貸款企劃書等等，需要提出完整規劃的內容，並且有審核的單位及目標。若是商業相關的企劃，還需要有數據解讀的能力，將複雜的圖表，以簡易的文字表達結論，讓人一目了然。

完成企劃書、提案，不外乎需要撰寫出「目的」、「故事」、「時間、地點」、「預期效益」等內容，**讓閱讀的人，或者審核企劃書的人，可以在短時間之內理解「你要做什麼事情」、「要達到什麼目標」，以及「需要什麼資源」。**

企劃書的目的性較強，也會訓練自己從另一個角度，如審核對象、審核單位的視角，去思考「為何這份企劃書值得被青睞」，學會換位思考後，就能再更進一步地提升個人的思考力、撰寫力。

上述透過寫作能養成的能力，並非循序漸進，更可能因著每個人的背景、職業、年紀及經歷，而有完全不同的積累與成長；**寫作就好像「健身」時的飲食控制，攝取健康的食物，身體自然也會給你相同的回報，正確地減少體脂、**

維持體態，所以「寫作」就如同健身，當你花多少力氣與時間，身體及語感都會相對應的回報給你。不只如此，寫作能陪你與自己對話，從每一次的寫作中，挖掘個人的思考、梳理自己紊亂的想法，並從而彙整成新的篇章。

文字的渲染力能影響他人，有時你只是想抒發心情，公開發表卻有機會成為個人形象的積累，並從多方的回饋中，感受到自己的進步。哪怕只是用字遣詞的深度、豐富度增加，或者風格積累與改變，都是不同的成長。

當然每個人的寫作基礎、工作背景、練習難度、強度都各有所不同，然而「寫作」越寫只會越好，不會退步，也不會背叛你，因此，動手寫吧！找尋人生新的可能。

第一章

寫作，是邁向「創作者經濟」的起手式

創作者時代來臨，你能跟上爆紅又長紅的機會嗎？

目前全世界超過五千萬名創作者，以影音、聲音、文字等不同形式進行內容創作，且人數持續成長中，YouTube 也在近年開啟會員付費機制，讓網紅除了點擊率外，也可透過會員費增加額外收入；二〇二一年臉書正名為 Meta，元宇宙計畫向「創作者」和「開發者」招手；Instagram 則是在二〇二二年宣布要開啟創作者付費訂閱功能，更別說快速發展的ＮＦＴ，為藝術創作者開啟新的一條路，下一世代的中、小學生早已將成為創作者、自媒體當作未來人生志向。

根據數據顯示，創作者一年內的全球商機高達五十億美金（約新台幣一千四百二十億元），在全球市場上，「創作者經營」是未來趨勢，且充滿無限可能。

除國際市場現象外，在台灣，本土社群及使用者自製內容平台如「Dcard」、「PopDaily 波波黛莉」皆發起創作者計畫，並提供創作者分潤或將其平台之網紅包裝為廣告產品，為品牌撰寫開箱文、體驗文，藉以增加平台價值及收入，無處不是商機，人人都有專屬自己的「成名十五分鐘」。

在社群時代，創作者類型多元、機會大過以往，然而也有其門檻，如：影音創作者需要攝影、燈光、收音、剪輯、腳本、企劃及場景等配置；圖文創作者則需要繪畫、排版、創意、色彩敏銳度、繪畫工具等配套，想以之成名需要些許門檻及專業技能。

備妥電腦和鍵盤，開啟門檻最低的自媒體之路

除專業技能外，影音企劃需要寫作力、圖文需要以文字敘述故事內容，「寫作力」幾乎可說是各種媒介創作的基礎。無論是何種類型的創作，都需要寫作力、文字力的襯托；又，如想以寫作經營自媒體，僅需要一台電腦、開設免費平台、發布文章，隨時隨地都能開啟你的創作之路。

想以寫作達到知識變現、經營自媒體、發揮影響力，可靠後天努力、練習，補足先天劣勢，可說是在所有自媒體經營當中，最簡單的方法與策略，這也是為何我推崇以「寫作」積累個人品牌的原因，因為每個人都有機會，任何時間加入，永遠不嫌晚，還能為自己留下長遠的影響力、逐步累積社會地位。

但看似龐大商機的市場，並非人人都能長遠且永續發展，所有的核心終究要回歸創作者本身是否具備專業、特色及無可取代性，此外，還有個人在此發

展洪流中，是否能找到自身立足點、是否能持續為自己開創獲利方法、是否有長遠眼光，將創作看待為一份事業，並隨著自媒體工具、平台發展，調整腳步，不斷推陳出新、持續學習，若想成為具備話語權的創作者，無非是一場耐力與智力的考驗。

「個人」和「品牌」，何者重要？

商界教皇、美國管理學大師 Tom Peters 早先於一九九七年首次提出「打造個人品牌是二十一世紀，最重要的能力之一」的論述。也就是將個人當作品牌來做行銷（Marketing）。這樣的預言，因著社群的發達、流行，實現在世界各處角落，許多人也因此得到新的契機、開啟新的事業版圖、改寫命運，但也有許多人被埋沒在這片「紅海」中。

「長江後浪推前浪，前浪死在沙灘上」，想避免這樣的情況，人人都必須反覆的思考，「個人品牌」究竟是「個人」重要，還是「品牌」重要？

個人是靈魂本質，品牌是附加價值

在大眾傳播領域中，「內容為王（Content is King）」是亙古不變的道理，不論科技變化多快速、載體和平台的研發及商業模式多創新，永遠都要回歸到內容本質上：「你要說什麼故事？」就像淒美的愛情故事、朗朗上口的歌曲，一唱流行二十年的周杰倫、五月天，甚至百年流傳的希臘神話、改版多次的漫威系列，都不脫「令人印象深刻的故事」。

內容需要靈魂，才能留存人心，就像好的產品，無論多高的價錢，都會有人「信仰」、願意買單，而品牌、聲量，則是基於內容、產品本質，衍生出來的市場價值。

那麼，你，有自己的靈魂嗎？

除此外，由賽門．西奈克（Simon Sinek）提出的「黃金圈理論」，也不謀而合地提及**「影響人們的不是你做了什麼，而是你為何而做」**，他更出版暢銷書《先問，為什麼？》（*Start with Why*），套用在企業與個人都是相同的道理，若想感動人心、留下長遠影響力，你「為何要做這件事」，才是故事的起點。

然而，許多人初出發展自媒體，容易犯得錯，就是想藉由經營個人品

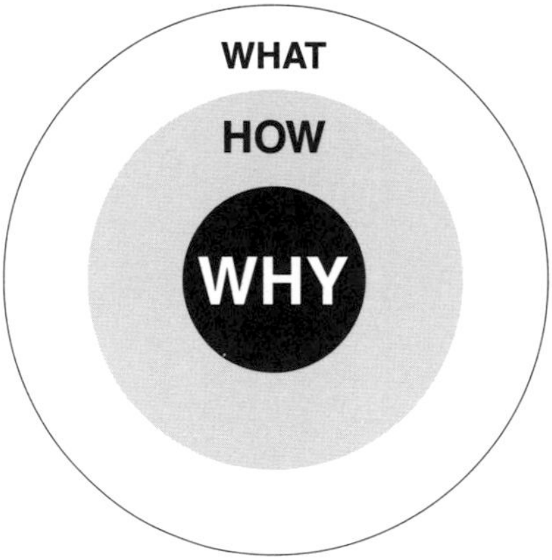

「為何而做」，才是一切的根本

牌快速獲得大量關注，或者報名許多培訓課程、個人品牌定位課程，追逐一個「響亮的名號」，以為有做足表面功夫就會引發關注、成為一個專業人士，事實上這是不切實際且投機的想法。

「很多人想成為名詞，卻不在動詞上下功夫。」（詩人／設計師 奧斯汀・克隆〈Austin Kleon〉）這句話便提點出了這樣的陷阱，因著追逐市場喜好，多數人可能產製較為浮誇的內容，當然也會引發高流量、高關注，但效果可能是負面的，或者做內容貪圖想賺大錢、發大財、想成名，這樣的心態都可能不是太長遠，**你必須要真的喜歡做這件事情，才會讓你的喜歡跟熱情感染他人，進而注意到你。**

如果把內容產出當成未來可以接到演講邀約、大型合作的方式，你一定會有一段時間被流量追逐而感到辛苦且容易放棄。

經營品牌之前，先思考「你是誰」

回到開頭的問題，你現在認為，個人重要還是品牌重要呢？

個人品牌（Personal Branding）也是被世界定義、標籤出來的名詞，真正吸引人的，是你如何生活著、有什麼樣的人格特質與思想，讓大家願意理解你，且認為你的分享能夠在某種程度上幫助到他們，這才是「核心價值」。

推動每個人前進的動力，永遠都是關乎於「你是誰」，所以「個人」了不了解自己、能否如實表達想法，是經營品牌之前一定要思考的。當你要起步經營個人品牌，最簡單且最容易入手的，就是觀察自己身邊的細節，你所認為簡單的事情，在別人眼裡可能是一套專業，所以無論如何，都不要小看自己，因為**「這個世界不缺專業的人，缺的是分享者。」**

也許起初沒有人會願意花錢購買你的東西，但因為你擁有熱情，即使別人不提供報酬，你也願意花時間繼續堅持。久了以後，就會有人注意到你的才華，便願意花錢支付你所擁有的這項才能，且收入會以倍速增長，而不是定速。在事情還沒發生以前，你可能無法想像，但只要堅持信念，長期下來，時間會還給你過去所付出的心力。

寫作過程中的四階段：個人成長循環

翻開這本書的你，或許也在找尋文字可以為你帶來的額外機會，在這趟旅程中的每個階段，會反覆經歷四個「個人成長循環」，分別為：自我探索期、風格養成期、自信建立期及重新建模期。

在個人成長循環的歷程中，並不是一次性的，而是隨著發展階段的成熟性，進行多次性的階梯成長，並脫胎換骨。

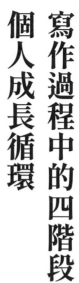

在發展初期為新手階段，接著進入到中階、中高階及高階，每個階段都會經歷這四個時期的個人成長循環，最後隨著週期停滯、迭代或永續發展，但如果毅力不夠、選擇錯誤，也可能在某個階段結束發展。

（一）自我探索期：深陷迷惘自我懷疑，遲遲沒能踏出第一步

如果你是還沒有以個人名義發表寫作文章的職場人士，想一想，為何一直想寫作，卻跨不出這一步？或者你已經發過幾篇文章也或者是寫作老手，回想一下，最初最初，要脫離公司保護傘或各種頭銜，以自己的名義發文章時，是不是有特別多的顧慮呢？

這就是循環中的第一個「自我探索期」。

特別是在新手階段的時候，除了零經驗之外，大多數人有著身分限制，

煩惱著會不會被公司發現、會不會不夠專業、內容不夠正確，甚至擔心寫出來的文章被笑、自信一蹶不振等等，這些情緒都是很正常的！

因為多數人在寫作的路上，沒有像專業的文字工作者一般，有職場前輩的修正與調整以及「市場驗證」，才會抓不定一個方向、找不到自信。**而在此時對於自我產生懷疑，反而是一件好事，代表你擁有「自我判斷的能力」**，有些人的文章內容與客觀事實相違和，卻沒有自覺，像這樣的寫作者，很容易在寫作時帶給其他人錯誤的訊息，影響讀者知的權利。

每位寫作者都要為自己寫出去的內容、說出去的話負責任，寫作不是一件難事，追求正確、打磨觀點，更是訓練思考趨向成熟且內斂的關鍵。

然而，如何克服起步期的障礙？訣竅只有「動手寫」就對了。在這本書籍中，有許多動手撰寫的方法與訣竅，你可以透過這些方法，逐步精進自己的寫作技能。

（二）風格養成期：體會寫作帶來的內斂及成長

「寫作沒有捷徑」，這是我多年來的心得，「無法速成」是寫作的特質，對有耐心、願意深化自己的人是一種優勢。長久寫作，會獲取整理資訊的方式、會習得邏輯思考的正確性、了解字詞之間的因果關係、搭配語句的完整性，無形之中盤整了人生。**在「風格養成」的時期，你需要專注磨練自己的文筆。**

在這個時候，你至少需要寫出三十篇文章，才會慢慢對自己的成長有感，初期當然會有自我懷疑且碰上寫不出來內容的症狀，但就像前面提到的「寫作沒有捷徑」，就連登山都要從登山口開始，你怎能期待寫作也能一下攻頂呢？更何況一山還有一山高，不是嗎？

寫作如同登山，你會發現，當寫出越多作品，會越來越得心應手，就像登上瞭望平台，能喘一口氣、調節自己的呼吸，不再感到疲累，此時寫作不再卡關，能夠克服心魔，更逐漸累積出個人風格、明白自己適合寫什麼樣的主題、明白何種內容可以吸引到什麼類型的讀者。

（三）自信建立期：養成個人風格、培養讀者

經歷第二個時期後，你的寫作會開始擁有自己的風格，培養出一群追隨自己的粉絲，接著也能嘗試完全不同的文章、不同的主題。這時你可以設計固定的文章排程產出，並且轉換不同的知識輸出方式，像是一個人也能完成的圖卡、直播、Podcast，**並以文字力作為基礎，有屬於自己的內容企劃**，這時候你已經具備了產品製作的初階能力。

在這個時期，你更可以開始進階學習議題資訊的包裝方法，將冷門的主題寫得讓大眾有興趣，像是透過議題設定法、時事跟風法，以及本書會提到的

情緒描繪法及共感寫作法，培養寫作的深度與觀點，並開始有了對外合作的機會，比如簡單的邀稿、演講、Podcast 訪談，或是進階一點的書籍掛名推薦，這些機會都是寫作能帶來的附加價值（詳細內容可參考本書第五章）。

（四）重新建模期：迎來新機會，重新定位「要往何處去」

最後一個是「重新建模期」，此時的你已經有固定產出、有多次的合作機會，也可以掌握自己的寫作方向、風格、主題，不會再有寫不出內容的迷惘、不再是新手階段的自我探索期，接下來會進入到中階、中高階級的個人成長循環，也就是「重新建模期」。

若你想把文字寫作當成自己的事業發展，此時就會進行到「知識輸出」、「內容產製」，更需要對自己的內容有想法，嘗試走上「知識變現」的路徑，因此要對自己的專業及內容負責。

一旦發展到知識輸出、知識變現的循環，你就會開始進入到自辦演講、自辦活動、有稿酬的撰文邀約、直播、開課等等含有「教學」的領域，不再只是像過往純粹的分享，畢竟身分不同，責任也不同。

此時，隨著每個人的發展階段，會有不同的結果：有致力於擔任講師的人、有專注於持續產出內容的人、有致力於發展個人品牌的人，也有專注於建立社群的人。每個人會因為個性與專業背景不同的關係，走上不同的道路，但起點大多都從寫作開始，發揮影響力。因此在「重新建模期」，你的選擇就特別重要，一個選擇，往往會使原先同樣發展方向的人，走到完全不同的未來，會如何發展不一定是你能預料的。

個人成長的漸進升級

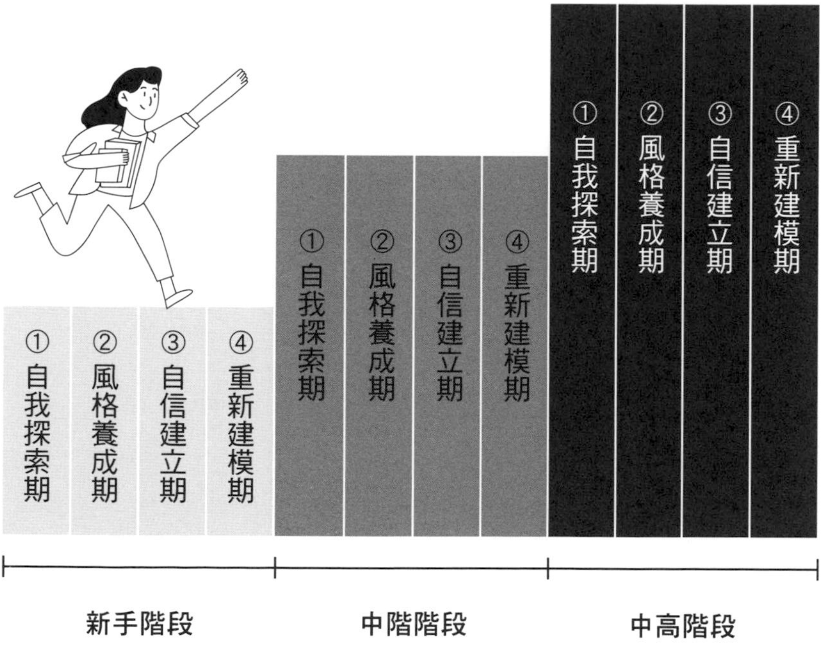

個人成長循環當中，每個階段都會歷經四個週期。

很多人好奇，每一時期各自需要花多久的時間？這會依照個人的撰寫數量、寫作的題材與積極性而有所不同，但每個時期的進階速度會越來越快，自我探索期可能需要花費一整年，後期每個階段可能會縮短到六個月、三個月，甚至會發現你不需要只單純靠寫作才能知識變現，你也能開發、產製屬於自己的變現作品，在此領域中占有自己的小天地與話語權。

精準設定主題，掌握流量關鍵打造共鳴感

在新手寫作時期，通常不知道自己可以寫什麼主題、花時間寫什麼樣的內容比較好，但是寫作這件事情很有趣，不開始動手寫，永遠不知道自己是否適合這樣的內容；不開始動手寫，永遠不會有頭緒。

所以在你開始找尋撰寫內容的方向時，最好的方式就是動手寫。至於「寫作主題的探索與設定」，我認為「你的世界，決定你的眼界，你的眼界，也決

定了你所呈現出的樣子」，因此開始寫作前，你必須先向內挖掘自己能夠寫什麼主題或是探討何種專業的議題。

三步驟找出適合自己的寫作主題與方法

步驟1 評估自身的專業，找到可以分享的「知識點」和「故事點」

所謂的知識點，也就是讀者看完以後能有所學習，大多數人認為知識點會是產業知識、工作經驗、職場管理、習慣養成等等，但學習有很多面向，因此不一定是非常專業、很硬的知識，輕鬆的生活類像是食譜的分享、清潔秘訣的分享或者旅遊的交通、行程安排等，都是可以切入的寫作方向。

故事點則是你的故事或他人的故事，是否會帶給他人啟發。舉例來說，你遇到一件其他人可能生平都不會碰到的事情，但過程中發現政府政策有很大的問題，或者是一時之間不知道該如何解決，透過你的故事與經驗分享，他人可以從你的經驗當中參考，知道如果遇到問題可以怎麼解決的內容，這些都可以被稱為是故事點。

不論是知識點或故事點，本身都需要具備一定程度的了解，或者是親身經歷，這樣的內容才能有說服力，也才能長期累積信任資產。

實際舉例

- 若你是一個行銷人才，可以寫作的方向包含行銷案例、行銷手法、品牌定位。
- 如果你是工程師，可以寫技術端的實用內容，不同的技術部署，如何影響軟體應用。
- 如果你是學生，可以分享升學、求職、同儕相處、霸凌、考試筆記等不同的主題。

根據自己的專業背景及身分，去切入不同的觀點、觀察，就能發現很多知識點和故事點的寫作內容。

步驟2 將專業跨界到議題，打造出「混血內容」

單純寫個人專業，可能會枯燥乏味，沒有太多的成長或改變，這時候可以嘗試把專業跨界到不同的議題，用個人獨特的背景，去解析不同領域的主題，打造出「混血內容」。以下舉出兩種議題為例，提供各位如何用自身專業結合議題的跨界書寫參考。

①政治議題

若你是一個行銷人才，可以寫作的方向，包含各政黨的文宣、形象、口號、媒體策略等等，分析不同政黨是如何透過行銷影響選民意識。

如果你是工程師，你可以寫疫情的新技術，比如口罩實名制、健康存摺、口罩地圖等，分析這些技術如何在短時間因應社會趨勢而誕生，探究背後的人力運作、組織規劃等。

如果你是學生，你可以分享返鄉投票、首投族準備、不同世代的政治觀念等，分析政治如何影響學生的生活。

②理財議題

若你是行銷人才，可以針對「理財」本身為何熱門，分析「消費者決策」的心態，像是為何博客來前幾名大賣的書籍都是理財書，或者針對財經YouTuber們是如何經營頻道、內容，快速吸引訂閱戶的目光等。

若你是工程師，一般讀者對於工程師的薪水都感到好奇，因此可以分享工程師薪水如何理財、生活，與他人的生活又有何差異，或者資產配置的問題等，或者也可能你的工程領域薪資並沒有特別高，也可以突破刻板印象。

若你是學生，可以從年紀較輕的角度切入理財的議題，像是規劃如何存錢、如何在短期還完學貸，或者如何透過打工、兼職收入來養活自己等。

上述以不同身分舉例跨界的議題，你會發現，其實具備一個專業背景，就有很多內容可以探討，再搭配不同的專業領域，跨界產製內容，你的內容就會從中脫穎而出，也會有很多想法可以撰寫，這些都是根據自己的專業背景及身分，去切入不同的觀點和觀察的寫作方法。

步驟3 透過三種行為觀察，激發創作靈感

在寫作時，要挑選哪些主題適合自己寫，這時可運用三個關鍵幫助自己，也就是「注意力」、「人設」與「個性」。

- 「人設」就是你的專業背景。想呈現出的樣子，想闡述哪一方面的知識與專業給讀者。
- 「注意力」，也就是你平常關注的事物，
- 「個性」則是你真實的樣子。如何從真實樣貌挖掘自我，在後面的章節，我們會透過觀察力跟聯想力，讓你有更多的主題可以發揮。

開始寫作時，盡量什麼主題都嘗試去寫，寫你真實的感受、你的學習、你的觀察，在過程中結合你的專業知識，闡述你的想法。實行一段時間之後，

你會發現有寫起來比較順的內容，也有怎麼寫都寫不完的主題，這時候就可以慢慢盤點找到最適合自己的寫作主題，接著結合「人物設定」，篩選自己想要對外呈現的形象、身分，用內容、身分兩者找到交集，就會是你可長期發展的寫作方向。

除此外，在書寫過程中，你可以觀察自己的三種行為，找到最適合的寫作方法，提高寫作的效率：

①觀察你的書寫方式：順著習慣，逆向突破靈感不來的悲劇

你是屬於在開始一篇文章時，先列點創作？還是直接謄打，在過程中修修改改？或者你屬於直接把標題打完再來修改？透過書寫行為的觀察，順著自己的天性跟習慣而走，逆向突破靈感遲遲不來的窘境。

②放任你的書寫喜好：時間X空間，建立個人寫作場域

寫作的靈感，並不是等待就會上門，我們可以主動創造個人寫作的場域，思考看看自己喜歡的寫作空間，環境是明亮還是昏暗、是吵雜還是安靜，還是需要白噪音的咖啡店，才會讓你特別有靈感？

書寫的時間是偏好白天或晚上、傍晚，有沒有哪個生活作息比較適合你？透過書寫喜好，抓住靈感上門的時機，快速發揮自己的寫作力，讓寫作不再是壓力。

③建立你的書寫儀式：讓寫作成為一種生活模式

書寫前你可以建立自己個人儀式，透過觀察自己的書寫儀式，當你失去靈感，或不想寫作時，再重複一次儀式性動作，也許可以激發靈感。

以我來說，我會下意識地整理桌子、打掃環境、走來走去，搜尋腦中各種資料、看看影音，接著去洗手，用沐浴乳把手洗乾淨，之後才會進入寫作狀態，開始寫作。一旦開始專注寫作，就可以在電腦前面三到四小時，中間起身休息一下，再持續三到四小時，一天幾乎能完成上萬字。

找到「時事」、「話題」和「專業」的交集點，突破同溫層

什麼是有共鳴的內容呢？我們以媒體、音樂等內容來說，有分主流與非主流，也可以說大眾以及小眾這樣的區分。

有共鳴的內容，就是獲得群眾的認可，吸引群眾的目光，而小眾、非主流的內容，則取決於你的同溫層是什麼、有多厚，但我相信大多人都想要突破同溫層，讓更多人看見自己創作的內容。

如何創造共鳴的內容，以及如何讓這樣的內容可以突破同溫層？這三個關鍵便是：**時事、專業與話題**。

寫作風格來自於你的觀點，而觀點則來自於你的資訊，要引起共鳴內容，就需要結合大家都有感的議題。你可以想像，做內容產製，就像在和朋友聊天，如果你的朋友聽不懂一些議題，或者對某些議題沒有興趣，你總不會自討沒趣一直說下去吧？

想要引起朋友甚至同溫層外的人對你的內容有興趣，那肯定就是運用時事、專業及話題來和自己的內容連結囉！那麼，這三個東西要怎麼運用呢？

（一）時事：新聞的大事件，根據自己專業選擇切入角度

首先是「時事」，也就是跟隨著新聞、產業發生的大事件來產製內容，

可以是輕鬆，也可以是正經的內容。

打個比方，以二〇二三上半年幾個台灣的大事件來說，包含台積電股價跌破五百元、美國升息三碼、台灣升息半碼，這樣的標準「時事」，你可以選擇正經的面向，可以分析半導體產業鏈以及全球晶片產業的前瞻性；輕鬆一點的，可以談台積電工作環境、員工分紅、年終等等，甚至也有滿多離職員工出來討論，為什麼要離開台積電等等；生活經濟面則可探討各種貸款的利息增加、資金縮水等。**這就是搭時事的順風車，找到這些大事件與你的事業有交叉的面向，加以發揮成突破同溫層又有自己觀點的文章。**

又或者是取自社會議題，例如二〇二一年四月間出軌的台鐵太魯閣號，這個討論的層面可以分成乘客面向、台鐵營運面向、政府處置面向、外包工程單位面向，甚至後續的救護補助、溫馨或悲傷的小故事等等。

在發想內容時，你可以思考：關於你自己，有沒有搭乘台鐵時遇過什麼經驗？以及太魯閣號與二〇一八年十月發生的普悠瑪列車脫軌事故，有沒有什麼是你覺得兩者有重複的失誤，卻沒有即時改進的地方？或者是更大眾一點，你可能有想去花蓮旅遊但是搶不到票的經驗等等，很多都是不需要一定的專業，就可以透過資料搜集進而產製的內容，當然這個議題可能引起正反討論，若擔心被攻擊，就得保持多元觀點，不偏頗地敘述一件事情。

（二）專業：從自身工作，分享獨特的產業秘辛

第二個內容產製關鍵是「專業」，也就是你本身經過訓練並且擅長的領域。如果還是學生，可以回歸到你的科系本身，或是學生這個身分的思考方向；如果已經開始工作，那就是關係到你所處的產業、企業、工作職能、工作職務等等，仔細思考自己的專業與大眾有什麼關聯，可以分享出來。

單純以專業來分享內容的話，包含最簡單的產業趨勢、產業發展、學生

想入行有什麼必備條件、心態、產業秘辛等等，也需要你多多深入挖掘，想想有什麼內容是大家不知道而且可以分享出來的。

如果你認為自己的日常生活沒什麼特別，可以和同事、朋友大量聊天，搜集資訊，**找出你所處的群體與其他人不同的地方**，這樣才能夠突破同溫層，吸引到不同的受眾。

比方說，我作為記者，大多人可能不知道的是，記者工作其實是排班制的，每一個月的班表都會在上個月的二十號左右排班，如果當天人力不夠，即使排好班，也必須要抽籤或和同事溝通，調整彼此的班表。而且也因為是排班制的關係，這份工作不一定能休到連續假期，但好處是可以平日休假，去打卡名店或風景名勝的時候都沒有什麼人潮。

那麼作為排班制的記者，我應該怎麼運用這份專業來產出讓人有共鳴的內容呢？除了可以曝光一些專業的媒體現況，上班時間究竟要固定時間週休二日或者排班，也是每位工作者都會有的考量，從這之中找到交集，就可以讓其他群體有不同的認知與收穫。

除了從專業角度切入之外，也可以用時事跟專業找到突破點，創造出新的內容。舉例來說，每隔一陣子，我們可能就會聽說哪個政治人物忘記關麥克風，或者不知道麥克風收音很精準，不小心說了不該在大眾面前說的話，因而鬧出不少糗事，還在社群跟新聞上鬧得沸沸揚揚的。有一次，因應這樣的時事，我就以自身的專業媒體角度，寫了一篇「指向性麥克風」的收音方式，探討麥克風沒關的失誤，這篇文章就有被許多主流媒體引用。

這個就是從時事與專業找到交集，別人也會有共鳴。

（三）話題：拆解電影、書籍、現象級內容，選擇自己擅長的主題延伸分享

最後一個內容共鳴的關鍵，也就是「話題」。所謂的話題，可能是一個

本來大眾沒有特別關注，但隨著很多人開始討論、有興趣，最後成為一個被大量關注的議題。在業界可以透過社群聲量的操作，比如KOL合作、買留言、買評價創造出很多人在討論這件事情的氛圍。這在大眾傳播理論裏頭就叫「從眾效應」*，我們以實際開設線上課程來當例子的話，若是講師開課，常常會請關係比較好的朋友、網紅幫忙推薦，推薦的人一多，就會突破一個界線，讓話題開始爆紅。

再打個比方，看電影娛樂這件事情，本來也都是依照個人喜好。但是，當開始有話題、很多人討論時，就會引起其他群眾的好奇，進一步買票支持，像是二〇二一年的電影《當男人戀愛時》，上線兩週票房突破兩億，也是透過事前的話題醞釀、社群討論、藝人各自推薦好評讓電影有好票房。

註

從眾效應：亦可稱為樂隊花車效應（Bandwagon effect），指人們受到多數人的一致思想或行動影響，而跟從大眾之思想或行為，常被稱為「羊群效果」（Herd behavior）。

如果進入到內容產製，我們要如何跟上這個電影話題呢？其實這部電影議題很大眾，談的是「戀愛」。除了電影本身的場景、角色、故事設定之外，內容產製者也可以親赴裡頭的幾個經典場景還原現場，或者純粹談自己的戀愛往事，或者夫妻關係經營、電影觀後感，這些都很容易就能引起共鳴。

總結如何創造出有共鳴的內容，必須掌握「時事、專業、話題」，甚至三者交集點，用這些方向來分享個人的觀點、內容與想法。其實不需要多艱深的內容，越是有人情味的故事，越會容易被記得，也容易引起認同與討論。

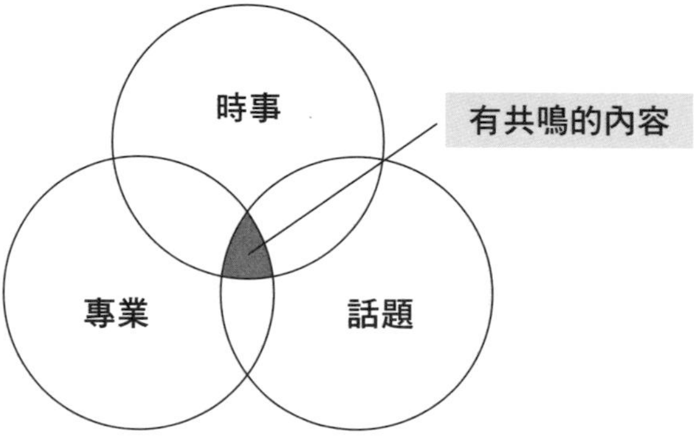

帶入吸引大眾的關鍵主題，讓文字自動「破圈」

寫作內容可以粗略地分為主流與非主流，或者大眾與小眾。我相信大多數人都想要突破同溫層，讓更多人看見自己創作的內容。因此，**突破同溫層，就是讓內容可以更大眾化的路徑**。實際上的大眾定義是四歲到八十歲都能看得懂的內容，也是與他們有關的內容。

你可能會覺得，這樣的設定也太不精準了吧？但其實產製內容要讓別人覺得「與我有關」，才可能會被關注。如果再加上前面內容談到的時事、專業、話題來創造自己的觀點，則更有機會同時引發大眾與同溫層的共鳴，達到「破圈」的效果。

而哪些主題是這群大眾一定會有同感的內容呢？

其實不用想得太複雜，人一生不外乎「食衣住行育樂」。從這幾個角度去發想內容，就會很容易引起共鳴，在這邊也分享一個內容網站，開站最初就鎖定這幾個主題為主軸，五年下來就引起百萬人關注與話題，當然團隊跟個人還是有差別，不過還是能作為參考。

這個網站就是「PopDaily 波波黛莉」。波波黛莉本身就是以女生角度為出發，產製各種內容，旗下粉絲團包含了「波波發胖」、「波波妝漂亮」、「波波邱比特」、「波波打卡」等等，分別與美食、美妝、戀愛與旅遊相關的內容。

以上這幾種內容，完全就是鎖定不論是何種年紀、職業、身分，都一定會在這一生當中碰到的主題。比方說，美食不分男女，人是一定要吃東西的，而衣著裝扮、戀愛社交和旅遊，也都是每個人的需求。我們從受眾角度來看，下班之後，大多數的人可能只想要放鬆、不需要動腦，所以看娛樂、旅遊等輕鬆的內容，轉換心情，因此好吃、好看的東西就容易引起注意。

除了上述的內容之外，**在社群網路容易引起的話題的還有以下這三種性質，那就是：暖心、趣味、可愛**，且如果再加上「人情味」，那就容易引發更多關注。

所謂暖心，可能像是弱勢族群受到幫助，或是互相幫忙、見義勇為等等動人的故事。

而趣味的內容，則包含整人或者有趣、好笑的新品開箱等等，而且你一定看過，網路上突破千萬次點閱率，如擠痘痘、挖耳屎、ASMR等影片。你可能很難想像、可能覺得噁心，但大眾並不是特定群體，所以喜好也會各自有所不同，有些特殊的影片爆紅的原因，不見得是很多人愛看，但卻特殊到引起極高分享率，藉以帶來高點閱，吸引大眾目光。

再來說到「可愛」，像是「萬秀洗衣店」，這是一對開設洗衣店的年長夫妻，他們家裡長期累積了很多客戶沒來拿走的衣服，於是孫子瑞夫就用這些衣服做穿搭，拍出一系列的照片，也引起不少人共鳴。除此之外，動物系列的內容、跟狗狗和貓咪互動的故事，也容易引起關注，且只要有貓咪出現的內容，觸及、點閱次數都會提高，堪稱是社群的「流量密碼」。

最後再次提醒，**大眾的定義是四歲到八十歲，你的內容要讓他們都能看得懂，並討論與他們有關的內容，就很容易引起共鳴。**而大眾共感的議題，可由「食衣住行育樂」的方向去發想，也能緊扣「暖心、趣味及可愛」三個面向，提供大眾有用的資訊，並結合前一節所說的「時事、專業與話題」，創造出你的個人觀點，打造屬於你的獨家內容。

第二章

讓寫作從興趣升級成專業的技巧修練

專業文字工作者，都是這樣鍛鍊的

想要養成寫作技能，卻又不知道從何下手，或者無法評估寫到什麼程度，才叫做「文筆好」、「擅長寫作」，是許多非專業文字工作者、想要以寫作維生或變現，或者想開始寫部落格，分享專業知識領域者的困擾。

因著不知如何評估自己寫的內容是否專業、正確、對他人有效益，進而產生自我懷疑，即使撰寫好文章，也不敢公開發表，缺少了「被討厭的勇氣」，遲遲在寫作上卡關。

這是許多新手在寫作初期會遇到的困難與心魔。而實際上專業文字工作者，又是如何磨練寫作技巧呢？

① 大量市場驗證

專業文字工作者每天有大量的書寫機會，比如一天需要寫五至十篇的文章，每一篇大約五百至七百字，所撰寫出的內容會即時發布到公開平台上，受到市場驗證與反饋，像是可量化的點閱率、單篇文章同時在線人數、社群分享數或者質化的讀者留言評論等。

文字工作者可藉上述工具，逐步調整自己的文章寫作方法，同時因著有公司品牌的背書，個人自信心也會增加，如果真的出錯，外界可能會認為是公司品牌、內部訓練等問題，不會一時集中怪罪到個人上（除非是較離譜的錯誤）。因此相對來說，個人的「愧疚感」就會稍微少一些，也會在撰寫文章、公開發表時少了點猶豫。

拆解文章構成的三大元素：標題、架構、內文

很多人一想到要寫出一篇一千字的文章，就覺得好痛苦、遲遲動不了筆，但如果我們以《原子習慣》的精神，拆解大目標成為小目標，那麼撰寫一篇千字文，其實並不是這麼困難。

拆解文章元素之後（見下表），你會發現單一篇文章的組成其實只有三個重點：標題、架構及內文。標題以二十二～二十七字組成，整體架構，由導言、內文及結尾組成，內文則包含了導言、小標題、段落、句子及字詞，內容將每項元素拆解、編排、運用，優化細節，便可快速成就一篇文章。

組成架構的三個重點——導言、內文、結尾

<table>
<tr><th>主標題</th><th colspan="4">22~27 字</th></tr>
<tr><td rowspan="11">架構</td><td>導言</td><td colspan="3">100~150 字</td></tr>
<tr><td rowspan="9">內文</td><td rowspan="3">小標題
15~20 字</td><td>第一段落</td><td rowspan="9">句子
＋
字詞

各約
100 字</td></tr>
<tr><td>第二段落</td></tr>
<tr><td>第三段落</td></tr>
<tr><td rowspan="3">小標題
15~20 字</td><td>第一段落</td></tr>
<tr><td>第二段落</td></tr>
<tr><td>第三段落</td></tr>
<tr><td rowspan="3">小標題
15~20 字</td><td>第一段落</td></tr>
<tr><td>第二段落</td></tr>
<tr><td>第三段落</td></tr>
<tr><td>結尾</td><td colspan="3">約 150 字</td></tr>
</table>

【元素①】

留住讀者的第一步！高點閱標題的三個秘訣

在網路的世界中，點閱率是一篇文章熱門程度的指標，每一篇文章的觀看次數，會被視為是「讀者喜好」的依據。而要實現一篇文章的「點閱」，標題便是最關鍵的因素。

其實，吸睛的標題都有以下共通點，讓我一一分析。

（一）文章主標題總字數，控制在22至27字

如果你觀察網路正規文章的標題字數，如雜誌類的天下雜誌、換日線、商業周刊，或網路新聞類的聯合新聞網、蘋果新聞網、報導者等等，標題一般都會落在二十二到二十七個字，**正好是電腦一行字、手機兩行字的閱讀排版。**除了閱讀視覺的舒適外，在這個數字範圍內，可以精煉自己的文字下標技巧，能把短話長說、長話短說。

其實標題的下法，跟前面的內容篇的重點是一樣的概念，但不同的是，內容你可以大書特書，標題卻只有幾個字可以表達，所以必須掌握最關鍵的重點！用一句話讓讀者快速理解你的文章主軸。

（二）快速下標的四步驟，幫你脫離思考瓶頸

很多人會在標題卡關許久，遲遲寫不出來，沒有一個方向，可參考以下四個步驟，並多次練習，讓下標題成為自己的技能之一。

步驟1　挑出文章內的關鍵字

大多數的標題都是在文章完稿之後，才會開始撰寫，這樣才能夠讓標題涵蓋到所有的內容。**因此第一步就是先把文章當中的五～七個關鍵字寫出來，**至於如何挑選關鍵字？必要條件當然是文章中想傳達的重點。

步驟2　設定字數後，刪除非必要的關鍵字

選完關鍵字之後，因著第一點的字數框架建議，我們必須意識到「不可能把關鍵字，全部都塞進標題裡」，否則會雜亂無章、毫無重點，那就失去了下

標題的意義，因此必須要開始執行刪去法，衡量每一個關鍵字的「重要程度」，**做順位排序，接著把後面不重要的關鍵字剔除**，最多只留下三個關鍵字。

步驟3 將關鍵字之間加上主詞、動詞、形容詞

有了三組關鍵字之後，確認關鍵字可以統包整篇文章重點，接著將其之間加上其他的字詞，寫出三、四個標題來比較、取捨。

假設一篇文章中，最後留下來的三個關鍵字是「情緒勒索、親子、正向教養」，分別加上不同的主詞、動詞及形容詞，可以下出包含這三個關鍵字、三種不同方向的標題。

〔標題①〕用正向教養來擊退情緒勒索！維持良好親子關係的三個秘訣

〔標題②〕不在親子關係中當一個情緒勒索的媽媽！正向教養教會我的EQ守則

〔標題③〕情緒勒索真的會影響親子關係！我用正向教養培養孩子健康心理

步驟4 刪除贅字，增加更有感的形容詞

下完標題之後，有時候讀起來會特別冗長，或者有一些贅字，自己可能沒有發現，因此下完標題需要來回多次檢視，把不必要的字詞刪除，並且在最後一次檢查修改時，可以將標題移動順序、增加其他較為強烈的形容字詞，提升標題的分量。

以上就用剛剛〈步驟3〉所舉例的三個標題來示範，該如何刪減贅字、讓標題更吸睛。

〔標題①〕

用正向教養來擊退情緒勒索！維持良好親子關係的三個秘訣

刪減贅字▼用正向教養擊退情緒勒索！維持良好親子關係3秘訣

增加字詞▼正向教養有效擊退情緒勒索！化解親子關係僵局3解方

〔標題②〕不在親子關係中當一個情緒勒索的媽媽！正向教養教會我的EQ守則

刪減贅字 ▼不當親子關係中情緒勒索的媽媽！正向教養EQ守則

增加字詞 ▼正向教養3大EQ守則！拒絕成為親子關係中情緒勒索的媽媽

〔標題③〕情緒勒索真的會影響親子關係！我用正向教養培養孩子健康心理

刪減贅字 ▼情緒勒索影響親子關係！用正向教養培養孩子健康心理

增加字詞 ▼情緒勒索恐影響親子長遠關係！以「正向教養」成就健康孩子

如果已經執行到這個步驟，還是覺得標題沒有涵蓋到文章內容的某些部分，那麼就必須回頭檢視，是不是文章內容有太多重點？

這時候標題已經不重要，反而是得調整內容的寫法、審視主軸明確度，或將其切分成系列文章（詳細可參考本書第三章），才是正確的調整方式。別忘記，文章本身包含標題、內容及架構，牽一髮動全身，三者必須達到邏輯平衡，才能是一篇完整的文章。

（三）熱門文章的標題，都有這兩大元素

「有錢人睡覺都能賺的理財術」、「作家都是這樣寫出文章」、「20歲前你該知道的職場秘密」……以上是我隨意舉例的「傳教式標題」，但當你想成為一個寫文章有風格，或者是文章有想法、有觀點時，這樣的標題寫法任誰

都可以寫出來，因此就算讀者點進來看了文章，卻會完全不記得作者，就像一般的「月經文」一樣。

標題是吸引讀者的決勝點，有兩種元素可以避免農場文的傳教式標題，又能有效地吸引讀者興趣：「數字」及「人話」。讀者可以透過標題預先知道自己將會在這篇文章得到什麼內容，更容易吸引他們點進來閱讀；在我過往的文章中，點閱率特別高的幾篇都有這兩個特色。

（1-1）數字歸納法：將文章內有幾個重點，直接寫在標題當中

①新鮮人最憂心「不知如何與同事打好關係」！3 Tips 勇敢走出舒適圈

②想尋好工作？五步驟實際檢視

③請教前輩，有時「並非不懂」而是為了「表現態度」剖析5種新人態度

（1-2）數字表達法：將文章亮眼的「數字」放入標題，如年份、次數、薪水

①揹7公斤「操偶裝」，巡迴中國91場：葉雨涵癱軟險休克，演員路堅持15年

②高中乙組最後一名↓世界冠軍！Born to Cheer 賴泓廷12年堅持沒放棄

③薪水不如預期就自闢道路！正職＋兼差增加收入實際分享28K↓50K

（2）人話篇：印象深刻、顛覆思考的經典一句

人話的選擇要多多試水溫，這件事情非常主觀，所以我會選當我聽過或者寫完文章後，其中最最印象深刻的一句話，甚至講給別人聽，人家都會覺得很驚喜、顛覆思考的話；尤其人物採訪，如果對方脫口非常經典的話，絕對要放入標題。

①迷惘時請記得：人生沒有標準答案　你的選擇就是答案

②台灣創業風氣盛行真相是：年輕人對職場環境悲觀＋沒信心

③聰明卻放棄善良！只想踩著別人往上爬　當心最後摔得粉身碎骨

④「不要留下把柄」不論是換成何種言語　前輩總是這樣耳提面命

註

以上標題的文章部分可於 https://ladykaren.org/ 網站中觀看全文。

【元素②】吸睛的導言和明確的主軸，建立優質文章架構

一篇文章的架構可以簡易的分為「導言」、「內容」及「結尾」，無論是常見的「倒金字塔」架構或者「起承轉合」架構寫法，導言都是影響讀者注意力停留的關鍵。**所謂的「導言」，就是整個文章的第一段，用意在於讓人快速了解通篇文章之重點，並引入第二段內容。**

兩種架構的導言寫法差異在於「倒金字塔」率先破題，在第一段將文章

所有重點講完，接著在後續內容中描述細節及資訊，通常用於新聞寫作、非虛擬式寫作；「起承轉合」則類似故事寫法，導言不會講完重點，而是透過鋪陳、懸疑、留下好奇的點、提問等，讓讀者在閱讀作品過程中細細品味故事的發展，常見於一般考試作文或者小說等敘事文。

導言要注意幾項重點，字數大約在一百五十字到兩百字內，與標題重點相符合，簡易交代人、事、時、地、物，也就是俗稱的「5W1H」，寫法則因文章風格，可有相當多種變化。

以下我舉三種自己常用的導言寫法，說明不同主題的文章該如何寫出吸引人的導言。

（一）人話破題法：挑選一句重要的實際話語，帶出文章主軸

所謂的「人話」，就是實際上在採訪、對話或演講等不同情境中，由某一個人實際說出口的話。放在開頭，就代表這句話非常重要，開啟整篇文章的主軸與故事線，選用一句有分量的話，也能馬上使讀者快速進入狀況。

〈例文A〉

「我都已經等了八年了，我還要再等嗎？」在帛琉老爺酒店服務的客務部經理段欣柔（Cindy），這次負責統籌台帛旅遊泡泡首發團的行程，才32歲的她，年紀輕輕就掌管來自6個國家、66名員工，這背後有一段不為人知的故事。10年前，就讀高餐的她，沒有選擇進餐廳實習，唯一的飯店選擇遠在帛琉，她連帛琉這個國家都不知道，

就選定實習，飛機落地的那刻，看到四周由岩石組成的群島，她一度懷疑人生，不過待了七個月的實習之後，深深愛上帛琉，打從當時就下定決心未來要回到帛琉上班，而這段路她走了八年。

<全文請見>

〔例文Ｂ〕

「就是好像被孫子怪罪，怎麼都買這麼爛的玩具給他⋯⋯那時候我就下定決心，要做出一台不會壞的車子！」甫獲得台灣十大發明家獎項的周鴻儒，有一個別名「戰車爺爺」；２００６年，孫子大班時，愛上玩遙控車，但是買來的遙控車，很快就被玩壞，讓孫子很失落；本身開設汽車行的他，拿起工具，更承諾做出不會壞的遙控車讓孫

每三人當中，就有一人在50歲以前發病，顯示心肌梗塞越來越年輕化，是國人不容忽視的警訊。治癒心臟疾病常見的手術為「心導管手術」，透過導管介入，在心臟內放進支架或採用氣球擴張術，疏通阻塞的心導管。台安醫院心導管室主任林謂文，接受《大人的模樣》專訪，更在病人同意下，公開心導管手術全程進行狀況。

< 全文請見 >

（三）提問破題法：第一行字，就引起讀者的好奇心

用一句「提問」破題的方式，通常代表此問題非一般人熟知，或是一個

特殊名詞、超出本來理解的客觀事實，用提問讓人引起好奇心，進而願意讀下去。

〔例文〕

你聽過「鴨子綜合症」嗎？

史丹佛大學的研究團隊在校內發現許多優秀的學生（工作者），都在偽裝自己，努力表現出從容、裝作毫不費力能跟上所有的課業目標（工作目標），但表面的優雅，卻是用盡全力讓自己不要往下沉。

這就好像在社群時代，每個人的發文都得維持正面能量、積極向上，偶爾一點抱怨、負面，似乎就會落人口舌，評價自己過的並沒有這麼好。

這本《工作焦慮》雖然在封面提到解決壓力與倦怠的方法，但我認為更多內容是在協助管理者如何帶領團隊，如何安排失衡工作量，讓團隊可以一起面對問題。

作為管理者角度，很多時候接到任務，先評估誰可以承接，而大多人直覺式的會找能力最好，不需要從頭再教的人，但長久下來，可能也會讓特定員工感到焦慮。

因為蠻多員工並不敢拒絕工作，甚至認為被交派的任務一定得完成，或者被交派任務就是因為自己能力好、足以被信任。

在這樣的循環下，員工的工作量超出負荷而不自知，若下一人不能再處理這麼多事情，主管可能便會認為下屬能力不足。

文章架構的不敗心法：一次講一件事就好

寫作就像健身，因此通篇文章的架構，可以想像成人體的骨架，有頭、手、腳，四肢、脊椎完整撐起體態。標題就像是頭、文章架構則是骨架、內文則是肌肉，透過細節的優化，持續訓練肌肉，逐漸變得強而有力。

初期寫文章的人，通常會有一種想把所有事情在一篇文章全部說完的「毛病」，迫切想把身家背景都交代完整，陷入若沒有把一件事情從頭到尾敘述清楚，別人就會看不懂的困境，或者產生讀者只看這篇文章，不去看其他篇的謬誤，導致一篇文章「重點太多」、「敘述模擬兩可」，若是這樣的情況發生在撰寫人物採訪稿，更可能變成只是提問與答覆的內容整理，少了作者個人的洞察，通篇成了冗長的「逐字稿」，而非具備觀點的文章。

通常在發生這種狀況時，寫作者本身也無自覺，**但可能會在下文章標題**

時，發現沒有一個標題可以完整的含括整篇文章重點，這時候就代表文章的重點可能真的太多了。

撰寫一篇文章，目的是要讓讀者可以輕易地閱讀、有知識性或心靈面的收穫，並且願意廣泛分享，若無法達成這樣的效果，撰寫久了，可能會感到孤獨、不被理解，最後封筆，那麼就回到了原點。

一篇好文章的架構心法，在於掌握「有骨才有肉」：整篇文章只需要一個主軸，把一件事情、一個主題講清楚，再把一件事情分成三個小重點，每個重點分開時可各自為政，合起來時彼此又有關聯，如因果關係、轉折、衝突、結尾，才能成就一篇合乎邏輯、閱讀適宜的文章。

內容架構發想表，三步驟讓文章有重點又吸睛

步驟1 設定文章議題主軸：決定要提供給讀者的內容

回想一下，當我們打開Netflix，看一部電影、一系列的影集，在內容大綱及每一集的劇情中，都會有一小段的文字敘述，簡單的說明本集劇情，字數大約在五十字到一百字之間，這樣簡易的說明，就可以帶出劇情主軸。

寫文章也是相同的道理，我們不能漫無目的，說寫就寫，而是必須要搞清楚方向。要寫出一篇架構完整的文章，我們得先設定文章議題主軸，靜下心思考本篇文章要帶給讀者何種內容、感覺及啟發，再接著往下進行。

步驟2 抓取段落關鍵字：分類資訊素材

初期寫作時，沒有設定主軸，會很容易寫到一半偏離重點，這時以段落關鍵字來幫助自己聚焦，就非常的重要。這個步驟其實也在幫助自己從龐大資訊當中，先行分類素材，順好文章從頭到尾的邏輯。

誠如以下表格當中，內文可以先簡易區分為三個子題，在擬定段落關鍵字時，就先把關鍵字放不同的子題中，並且確認每個子題的關鍵字之間是否有重複，避免段落內容看起來都在講同樣的事情。

步驟3 合併、刪除關鍵字，確認通篇文章架構邏輯

為了讓文章更完整，寫完表格後，需再從頭檢視一次，包含：子題之間的關鍵字是否重複、子題與子題之間的先後順序，是否合乎邏輯及故事線，如果發現不太對的地方，就可以選擇刪除或者合併。

刪除內容的準則，可評估某一段內容、某一段素材、某一句話，即使刪除了，也不會影

內容	子題分類	關鍵字
	子題一	針對各子題，填入你想寫的關鍵字或元素，不設限內容，也可以直接把人名、引用的金句先套用進來，做簡單的素材分類
	子題二	
	子題三	

響文章前後語意及故事完整性，那麼刪除，就是最好的解方。

「選擇把素材刪除」，是一門藝術，需要專業的判斷及經驗的積累，許多人初期會捨不得刪掉素材，想好好把東西講完，但是文章最重要還是清楚地表達想法，如果為了自己個人的慾望，把內容通通塞滿，那麼站在讀者角度而言，可能會一時失焦，無法抓住你想表達的重點，反而可惜。

經過上面三個步驟後，此刻我們再開始撰寫文章，並且順著架構表的邏輯，動手撰寫，過程就像在拼拼圖，看著原始的圖像，把圖片一個一個補齊，成就一幅美麗的作品，最後也會有相對的成就感。

而如何撰寫出一篇好文章，我們將會在第三章分享提升寫作細節品質的方法。

〔範例〕解析人物訪談文，重點放在個性和職場發展

「成就夥伴的理想」30歲副理是這麼帶出完美的團隊的

老闆有天一大早，在群組裡發布一個國際大廠飲料的CASE，「誰要？」已經做為團隊副理的Sharon顧不得將要出國兩周「先發制人」，列出為何想要這個案子、如何達成目標，這是已經不需要她去奪下來，成就自己名聲的案子，但她仍努力爭取，只不過老闆回絕她的提議，卻在群組裡頭標記了她的夥伴，一個資歷半年的新同事，但表現特別亮眼。

「對，還有她！」Sharon再次發聲，說自己會教她如何取得徵求拜訪的機會，而且當天早上就可以執行，「因為我爭取下來，也是要給我的團隊，所以不論給誰，都可以」。一般的長官恐怕不會這麼想，

而是希望自己的夥伴可以襯托出自己的光環，而非爭取大案子下來讓底下的人表現，何況又是才剛進公司半年的菜鳥。

留著長髮，外型非常亮麗的Sharon，潘萱文，今年屆滿30歲，是布爾喬亞公關顧問消費事業群的副理，資歷四年半，事實上，她在一年半就已經連升兩階，做到現在這個職位，從基層做起，帶團隊特別有理念，「大家都知道我特別嚴格，但這是客戶的標準，不是我的」。

這句話讓人印象深刻，因為她在每次活動的籌辦過程，或沙盤推演的模擬，都會假設出一些，別人根本想不到的問題，好比「藝人後台換衣服的動線，卡住怎麼辦？」這種蛛絲馬跡的問題，在別人眼裡是現場解決就好，但她就是會先想到各種預防方法，讓活動即便出現任何小插曲，都有辦法不慌忙的即時解決。

從談吐中，你可以感受到，嚴格要求是對自己也是對客戶的負責任，因為她知道要從這些經驗當中，讓夥伴學習成長、讓他們知道自己在做什麼事情，而非沒有想法、盲目跟隨。

<全文請見>

以本篇人物訪談文章來說，完稿字數三千四百字，重點放在人物本身的個性、職場發展，切分出以下三個重點。

①師範體系出身——非典型職場生存家：踏入公關，完全是意外

②業績第一客戶卻臨時抽案子，沒擊退她：因為我們不只賣關係

③關於面試——想進公司千萬別說「我想學…」

單從小標題中，可以立刻看出此人物的家庭背景、現在從事的行業，第二個重點可以看出她在職場表現「業績第一」還有在職場上的追求，第三重點

則可以得知她是主管階級，需要負責面試。

本篇文章的主軸「『成就夥伴的理想』30歲副理是這麼帶出完美的團隊的⋯」，這三個重點從個人、工作態度到組織團隊帶領，都緊扣主題，讀者可以讀到向這位人物學習的地方。

如果想寫什麼就寫什麼，其實還可以再寫個一到兩千字，比如人物的感情、求學、生活瑣事等等，但通篇文章便會失焦、變成逐字稿。這些觀點都與故事主軸的「人物」有極大關聯，不會講到公關產業時，突然加一段公關的理論，比如發新聞稿、記者媒體聯繫這種與文章無關緊要的細項，或者進入公關產業要有什麼條件與特質等關於求職的主題；更不會在第二點時，突兀地去分析「業績怎麼衝到第一」這種偏離主題的內容，反而是緊緊圍繞著核心，以同心圓的形式擴散議題，卻同時能收斂議題。

【元素③】八個內文細節優化準則，打造豐富的內容實力

導言的下一段開始，直到結尾段，都可以視為「內文」。前面提到，內容就好比肌肉，可以透過健身、訓練，養成肌肉量，逐漸變得強而有力，而要自我修練，除了在下筆前先以內容架構表確認文章的重點和邏輯正確之外，更可以透過以下幾點優化內容的細節，讓文章的每一個細微處，都能夠讓讀者感受寫作者的用心。

（準則二）同一句話、同一段落，不重複用字

不曉得你有沒有發現，如果一篇文章有點難讀、要看很多次時，可能是因為一句話有太多相同的詞彙，或者一模一樣的字詞在不同地方出現好多遍，讓人看得眼花撩亂、很膩、詞不達意，或者覺得太冗長，沒有耐心再繼續看下去。像是以下這段例句：

> 我常常覺得我自己很孤單，自己獨處時，我都會不知道該做些什麼事情，我也常常覺得自己沒有朋友，但就是沒有勇氣踏出自己的舒適圈，解決問題。

以上這段文字，扣掉標點符號只有六十個字，但出現了四次「我」、四

次「自己」、兩次「常常」、兩次「覺得」，總計有二十個字、三分之一都是重複用詞。尤其「我」與「自己」是同個意思，看起來這位寫作者思緒很亂、廢話一堆、文筆很差。

那麼要如何挽救這樣的「症狀」？此時可以透過以下的步驟，讓內容更加精準。

步驟1 一句話留單一主詞：將多餘的「我」與「自己」刪除

> 我常常覺得我自己很孤單，自己獨處時，我都會不知道該做些什麼事情。我也常常覺得自己沒有朋友，但就是沒有勇氣踏出自己的舒適圈，解決問題。

步驟2 代換重複用詞：替換「常常」與「覺得」

我常常覺得很孤單，獨處時，都會不知道該做些什麼事情。我也時**常感覺**自己沒有朋友，但就是沒有勇氣踏出舒適圈，解決問題。

步驟3 省略不重要的字詞：刪掉也不會影響意思的字

我常常覺得很孤單，獨處時，**都會**不知道該做些什麼事，**我也時常**感覺自己沒有朋友，但就是沒有勇氣踏出舒適圈，解決問題。

刪修的步驟進行到這邊，接著比較原段落與修改後的段落。

〔原段落〕六十個中文字

我常常覺得我自己很孤單，自己獨處時，我都會不知道該做些什麼事情，我也常常覺得自己沒有朋友，但就是沒有勇氣踏出自己的舒適圈，解決問題。

〔修改後〕四十四個中文字

我常常覺得很孤單，獨處時，不知道該做些什麼事，感覺自己沒有朋友，但就是沒有勇氣踏出舒適圈，解決問題。

按照步驟修改後，刪除了十六個中文字，讓短短兩行話的表達更精準、邏輯更清晰。

不要小看這刪修的數字，感覺很少、沒什麼用，不過這只是兩行文字，如果一篇文章有上千個字，三分之一都是贅詞，那等於有三百三十多個字都是多餘的。因此學會同一句話、同一段落，不重複用字，能夠讓文章更精煉，更可以讓寫作功力更上一層樓。

最後提醒，在刪修過程中，來來回回琢磨多次是非常正常的，一篇稿子修改到十次、花上半個月都很有可能，**雖然不是每個人都是專業的文字工作者，但是每個專業文字工作者，都是從這些細瑣、煩人的基礎功開始打磨的。**「寫作沒有捷徑」，但，花時間練起來的基礎，絕對不白費，能力也不會被取代。

（準則二）用對連接詞，才能精準地表達邏輯

我在修改學生作業時，常發現文章邏輯不通順的原因之一，是因為用錯或少了「連接詞」，好比明明不是「因果關係」，卻寫了「因為……所以」、

「由於」；明明不是反義關係，卻寫了「否則」、「但是」、「雖然」。

因為我們從小就學習華語，所以在這些用字上，不會像學習英文（外語）這麼清楚差異性，容易陷入「反正口語講起來也能聽得懂」的迷思，但是很多人忽略了「口語表達」，可以即席補充、反轉意思，如果是錄影（非同步）的情境，能透過剪接技巧和加上字幕的方式補充原意，但文章打完，沒有檢查自己的邏輯盲點，讀者就會看不懂。

因為讀者在讀一篇文章時，通常都是一個人的情境，大部分人不會主動理解、思考作者是不是用錯連接詞或深究文章看起來不順的原因，讀者只會覺得「看起來怪怪的」。若長久下來，文章寫法都沒有改善，就會對你產生「文筆不好」、「邏輯太差」的印象，進一步對於內容沒有興趣，不管你後來有沒有進步，他們也不會想回頭再來看。

以下內容僅是擷取，因此少了前後段可能難以判斷文章主軸，但我們可以先來審視這段文句的邏輯問題。

> 由於工作需要每個禮拜清點牛奶存貨，我學習逐條記錄，卻因「省」帶來更多心理壓力，反而出現報復性消費。

第一句「由於工作需要每週盤點牛奶存貨」，敘述的是「工作」，但第二句「反而出現報復性花費」，則是在講「個人」的心理壓力。這兩句話闡述的主題完全不同，連結在一起，邏輯就會不順暢。

另外，在工作上學習「逐條」都紀錄，「逐條」應該需要一個主詞，讓讀者可以更快速地聚焦；「逐條紀錄」與「省」之間，缺乏邏輯，需要更多的情節敘述補充，不論補充在前一句，或後一句都可以。

連結詞的問題則是出在「由於」，由於代表著「原因」，「原因」要帶來「結果」，但上述我們已發現，段落敘述的內容，一句是指「工作」，一句指的是「個人」，兩者間非因果關係，因此「工作需要每週盤點食材存貨」其實是一種「事實」，並非「原因」，才會讓句子看起來不通順。

綜合以上分析，本段可以做出這樣的修改：

> 我的工作是負責控管牛奶每週的存貨，我習慣將進貨、出貨的成本及數量逐條記錄下來，但節省預算的壓力，對我個人產生了負面影響，以報復性的消費行為紓解壓力。

（準則三）
完稿後把文章「唸出來」，找出自己的盲點

這是每個文字工作者都會的技巧，有時候寫完文章，沒辦法請別人看，只好透過自我檢核，但是再怎麼用「眼睛看」的，都還是看不到有問題的地方。

這時候我們可以切換檢核方法，也就是直接把文章朗讀出來，當然不用很大聲，小聲的喃喃自語、以自己聽得到的聲音範圍來唸，這樣就可以了。

當你實際把文章唸出來的時候，讓大腦接收聲音，用聲音刺激感官，幫助思考，會發現真的有些地方語句不通順，一邊唸一邊來回修改，結束後再閱讀幾遍、唸過幾次，文章就會通順許多。

朗讀的方法，可以是把所有句子逐字唸出來，重複多唸幾次，覺得不通順的地方即席修改，有時改了第一句，第二句也要跟著調整，才能讓邏輯順暢。

因此刪修過程也會出現重複同樣的句子，用不同的修正法，單句改完後，可以按照「〈準則1〉同一句話、同一段落，不重複用字」的方式，檢核重複用字，接著放大到整段段落修正，並且確保每個段落之間有通順的邏輯，最後完成文章。

（準則四）

數字具象化，讓讀者感受「與我有關」

在寫作時，有時會需要引用調查統計數據，然而生硬的文字，總讓人感到乏味，若讀者根本無法自行消化，便會感到文章內容與自己無關。這也是為什麼有些組織會製作懶人包，以圖文解說的方式，幫助讀者更輕鬆地理解生硬數據背後的意義。「數字具象化」的寫作方式，就可以幫助我們解決這樣的問題。

所謂的「數字具象化」，是將難以理解的數據資訊，以更貼近民眾生活的文字、類比某些現象的方式呈現。

以104調查數據舉例，純數字統計寫法如下：

「104人力銀行觀察10．9萬名即將在今年大專或研究所畢業、且最近一年有更新履歷表的求職會員，有3萬9千人，在今年第一季曾主動應徵正職工作，占整體35.6%。」

使用數字具象化寫法：

「距離畢業季還有兩個多月，但104人力銀行調查發現，已有將近3萬9千名應屆畢業生主動應徵正職工作，占應屆畢業求職會員的三分之一，等於每三個畢業生，就有一人提早卡位找工作，平均每位『早鳥』已主動應徵12次！」

第一種寫法比較是客觀描述事實，第二種則是把數字轉化成一般大眾好理解的「具象化」，**比如將提早卡位求職的畢業生形容為「早鳥」，以及將**

「35．6%」變成三分之一，並以具體的「每三人就有一人」的描述，帶出緊張感與具體的感覺。

再舉一個關於「生育率」的例子。大部分的人都覺得生育率與自己無關，尤其是年輕人，一旦把生育率與老年人扶養比牽連起來後：

「2010年時，6.9個人只要撫養1個老人，但到2025年，每3.4個人就要撫養1個老人。」

（資料來源：國發會）

這樣強烈的數字，年輕人會立刻聯想到生活重擔壓在身上，非常有感，甚至想到二〇四五年，自己已經是中老年人時，很有可能只剩下兩個人養自己一個老人，對於生育率也會有更切身的感受了！

再舉一個「舊衣回收」的例子：

「環保署最新統計資料顯示，台灣的舊衣回收量逐年上升，十年間成長約1.3%，2020年舊衣回收量達到7萬8千多噸；但其中有3成的回收衣物共2萬3千噸，最後仍是燃燒銷毀，並未回收再利用。而這些銷毀的衣物，疊起來約有10座一〇一大樓高。」

<全文請見>

像這樣的寫法，就很容易在一邊閱讀時，腦海裡一邊出現「10座衣服疊起來的一〇一大樓」，就好像鄉民常說的「這張照片有聲音」一般。

除了寫作外，企業也常常以「數字具象化」塑造品牌形象。如gogoro在官方網站上，顯示截至二〇二二年五月累積總里程數為「5,245,025,929公里」，這麼龐大的數字，讀者一般很難想像到底有多遠，但下方補充，總計可以繞地球約「131,125次」，很快就可以想像、感嘆「哇，好遠！」，因為「地球很大」是每個人的「共同記憶」，因此舉親近的例子，便可以讓人更好理解。除了寫文章，在做簡報時，這也是非常好的比喻用法。

（準則五）引經據典，為文章觀點、思維背書

在撰寫內容時，引用「金句」，可襯托一篇內容的重要性與價值，並且能佐證自己的觀點、資料、強化內容的可信度，因此挑選關鍵金句，將影響通篇文章的價值性及深度。這也是為何有許多出版著作、論文等，

圖 / 取自「gogoro」網站首頁

都會引用金句，或者一段關鍵的話語，來論述一件事情。

金句也要放對位置，若放在通篇文章的開頭，將文章圍繞在金句延伸出來的故事，可顯示文章之分量。放在中段，在文章中扮演穿針引線之姿，承上啟下，抑或做為結尾，為個人觀點、分析做一個有重量的結尾。

讓金句在文章內具備意義，才是好的金句，而非為了引用而引用，否則只是把華麗的句子，通通綁在一起，反而食之無味，棄之可惜。引用的「金句」和段落可以代表你的個性、觀點及思維，更會是一篇文章的精髓，對讀者而言，則是能反覆咀嚼，用在每個人生不同階段時，能自我賦予不同的意義；若掌握這樣的技巧，到最後你甚至能創造出自己的經典用語，逐漸收斂自我個人定位。

金句也不一定非是經典大作、名人的話才能作為金句，我就曾經在演講時，分享（引用）了一張自己學生時期的臉書狀態——「不甘於平凡」。

這句話就連我身邊的朋友都很印象深刻，之所以能清楚記得這句貼文，是因為大學時我就讀夜間部，半工半讀、準備研究所，沒日沒夜地工作與奔忙，身邊卻有些人不斷換著最新款 iPhone、iPad，可能是自卑感使然，我不只羨慕也嫉妒，因此是以一個憤恨的心情寫下這句話。

然而「人話」的魅力就在這裡，距今超過十年，依然很有故事，也很值得參考，我在文章和演講中都曾引用這句「不甘於平凡」，聽眾、讀者反應都還不錯。

（準則六）營造對比的內容，創造閱讀衝突感

寫劇本時常會用「衝突」的故事，加深觀眾記憶點，寫文章時，好好運用，也可以留下深刻印象。但什麼是「對比」呢？大多數人對於「對比」的刻板印象是相反詞，比如大↔小；明↔暗；忌妒↔仰慕等等，**但我認為文章的對比，不單是用詞的對比，也可以是兩個完全截然不同的狀態，來讓讀者**

可以反思「怎麼會這樣？」、「最好會發生這種事！」營造出衝突感，但也得注意，這種驚喜感與不可預期感，是對讀者而言的感覺，而不是作者本身。

舉例而言，我在一篇文章〈說服自己留在「最糟糕的狀態」 低潮人生三階段：逃避、挖掘、發揚自我〉中，提到「說服自己處在『最糟糕的狀態』」，這句話本身就包含了矛盾與衝突！你是否會想，每個人都想越過好，怎麼會有人願意處在最糟糕的狀態，到底發生什麼事，於是就繼續看往下看呢？所以在後面篇幅我就仔細解釋了我的觀點，整句話就是想表達「不切實際的作為」。

第二個舉例，在〈出社會「第一份工作」真的很重要嗎？答案是肯定的〉文章當中，我提到「第一份工作讓我『認清事實』」的觀點，這句話本身就是對比。

為什麼？如果你感覺這個標題是理所當然，那代表你已經出社會夠久，但因為我的讀者偏向大學畢業生或是大學生，大家對第一份工作是「充滿期待」、「充滿理想」、「充滿幻想」，所以才會覺得「認清事實」具有衝突感

Bite），就必須先計算受訪者講話的開頭與結尾（Time Code），但主管又希望你可以在現場連線，就要先打電話回到公司內請接收訊號的人收畫面，再請編輯台的同事幫忙剪成可以播出的帶子（Roll帶），才能直接連線。

白話文翻譯完，可能還是有人不懂這些工作流程，從上述例子來思考，身為作者的我們，如果一直賣弄專業領域的術語，是不是會為難讀者呢？

寫作，是為了溝通、清楚論述，千萬別硬是賣弄專業、寫一些「行話」，

既然希望別人可以聽懂，多一點人看文章時，就得運用一些實際的舉例跟對比。

先前我寫過5G預期在二〇二〇年上路，如果著重在5G的技術、設備、頻寬等等，基本上就很難吸引大眾有耐心了解，尤其一般人真的不知道5G跟

4G差在哪裡，只會覺得3G剛淘汰完，4G普及率高達八成時，怎麼又要變來變去？所以我就在文內解釋了一段：

目前VR產業的發展瓶頸，是因為當用戶戴上VR眼鏡時，容易產生頭暈感，原因是因為轉換視角時，會產生大量的數據流量，但以目前的4G技術，還未能支持這樣的傳輸速率，不過等到5G啟用後，就能負荷用量，未來戴上VR眼鏡，可看到清楚的3D影像，讓虛擬逼近真實。

透過大眾可以理解的方式與可能親身感受過的體驗，來引導大家理解為何要執行某一件事情。當你的文章是希望可以讓一般大眾都了解，就必須口語化、親近對方，甚至當他們的朋友與垃圾桶，當然若今天是專業研討會，或者只鎖定給予特定人士看，那當然就可以盡情展現專業也不失水準了。

（準則八）段落之間增加小標題，讓主題更聚焦

一篇文章內容，大多是一個文章主軸，配上多個主題、故事線，每個主題再由多個段落組成，但在撰寫時常發生主題之間切分不明確，讀者可能一時無法跟上內容的主軸脈絡。這時候我們可以用增加小標題的方式，將主題聚焦。

小標題適用的文章情境，大約在字數一千字以上，若是短文章進行小標題切分，反而會讓文章有中斷的感覺。在文章內，小標題通常會以粗體標示，讓整篇文章架構脈絡更明確、清楚，透過小標題的劃分，讀者也可以稍微喘一口氣，並更快速地先行理解接下來的內容，讓自己轉換閱讀的思考。

第三章

１０個文字昇華技法，打造全方位個人寫作術

【技法①】練出不用苦等靈感的觀察力

文字的修練，除了埋頭寫、努力寫，讓自身能力內化外，也需要搭配多重技法、踏出個人舒適圈，採取積極、主動的寫作磨練，才有機會更上一層樓。在進階寫作的內容當中，不只是寫作技巧，而是從寫作延伸不同的作品、合作機會，讓自己擁有更全方位的個人品牌經營能力。

寫作，廣義來看雖然是文字謄寫、紀錄想法，但更多時候，寫作就是一種創作，也是一種生活方式。然而將「寫作」升級到「創作」時，也就代表你產製的內容必須具備原創性、吸引力、獨特性、個人風格，因此，你就必須要有「靈感」，但，靈感從何而來？

「靈感在於我們對生活觀察的細緻度跟敏感」，而「要掌握好的文字力，必須先培養觀察力」，有了觀察力，才能對一件事情挖掘更多資訊，並且累積個人的判斷力。對我來說，觀察力是培養個人對周遭環境的敏感度。

例如，你在一間咖啡廳，有沒有觀察過進出消費的人，用什麼樣的方式付款？進出人流有多少？或者大家都點什麼樣的飲料？從點餐到上餐時間，要多久？

我想大部分人比較少刻意觀察，而這件事又與寫作有何關係呢？

寫作，其實是描繪細節，並且將枝微末節的事情串起來的一種能力，若要描繪細節，首要就是先察覺細節。

際大企業，也都駐點於此，附近的咖啡廳，更是打起「黑金大戰」，每一平方公里就有23．4家咖啡廳，為了搶攻上班族的心，連鎖咖啡廳主動發起員工福利折扣……

〔開頭三〕

遠距工作時代來臨，疫情期間有許多工作者在家上班，更有專業人士選擇離開公司以接案維生，但不少人難以區分居家與工作環境，因此選擇到咖啡廳「上班」，打開電腦、連上WiFi，再點一杯咖啡，就能開始一整天的工作。

上述三個開頭的寫法，便是透過對一件事情的細節觀察，再輔以後續章節會提到的「聯想力」，分成不同切角撰寫後，成為自己獨特觀察而生的文章與觀點。

除了「主動觀察」外，我們也可以「被動觀察」，也就是周遭環境帶給你的感受，像是觸覺、聽覺、嗅覺、視覺等五感被觸發的當下，而衍生出來的感覺，也能夠成為撰寫的素材，以下就聽覺及視覺舉例。

●聽覺觀察法

【情境舉例】

有一天我在漢堡店，隔壁一個女生一直在哭，她講電話時說「我都從南部上來了，為什他都不出來見我」。

【資訊解讀】

女生應該是失戀了，還特別從南部坐車上來，甚至還一直在哭。

【素材運用】

步驟① 情境觀察

步驟② 結合個人背景

步驟③ 反思

【實際寫作範文】

多年前，我在摩斯漢堡點完午餐，忙著寫作，左手邊的一位女孩，從坐下時就一直哭泣。因為聲音太大，引起了我的注意，接著她開始打起電話來。

「我都特地從南部上來找他了……為什麼他還是不願意見我？」聽到這句話，我瞬間明白，啊……原來是為情所困的孩子！

也許這句話聽起來很一般，你可能也會認為還年輕，不要浪費時間在爛人身上就好，但這不也是青春的模樣？

這讓我想起，十多年前我還在唸高中時，當時的男友住在北海岸。某次吵了架、搞冷戰，我就從家中坐捷運晃到他家，但他仍選擇避不見面。最後，我意氣用事地跑到山上，逼著對方出來面對，但強求來的總是不美好……。

雖然幼稚卻也是生命的一部分，沒有曾經的無知與揮霍，何來珍惜現在？

●視覺觀察法

【情境舉例】

下雨天，坐著計程車，到一家企業演講，計程車一停下來，正好曖昧對象跑出來要搭車。

【素材運用】

步驟① 當下觀察周遭環境，像是下雨、計程車停車的位置、計程車司機說的話

步驟② 仔細觀察自己的心中的感覺

步驟③ 像寫劇本一樣，描述細節，運用「對話」，引人入勝

【實際寫作範文】

有一天要到企業演講時，下著大雨，我只好坐計程車前往場地，然而，當計程車停下來時，我喜歡的那個人，剛好從大樓衝出來，攔下我前面的那輛計程車，但他只是隔著窗和前面那輛計程車的司機說抱歉，可能是裡面已經有

客人了，或者他有急事不搭車了。

正當我猶豫要不要下車，司機剛好問我「要不要再往前開一點？」，我說不用，就急著拿著手上大包小包的袋子下車，此時他看見我，露出招牌笑容，揮手向我打招呼。

他對我說，「今天能遇到你，就已經很幸運了。」

【技法②】累積寫作資料庫，即時抓住敏感素材

如何在短時間之內，完成一篇有深度且有個人觀點的文章？或者是一個段落的資訊與文字，如何發揮得更長、更有知識性？

關鍵在於「資料庫」夠不夠充足，資料庫又可下分為兩個層面，第一是「資訊資料庫」，第二是「文字資料庫」。

第一、累積資訊資料庫：了解社會脈絡

所謂的「社會體系」在定義上是一種模式化的關係網絡，構成了個人、群體和機構之間的一個連貫的整體。它是可以組成一個穩定的小組角色和地位的正式結構。一個人可能一次屬於多個社會系統，包括核心家庭單位、社區、城市、國家、大學校園、公司和行業。

我認為就個人而言，認清身處產業的政治構連，循著社會體系跟社會脈絡就能夠把事情看得更透澈、更全面。

舉例來說，有一天我在帶領小型寫作課的過程中，我詢問一位任職於數位銀行相關產業的成員，是否知道「金管會」主關機關是誰？當下在場的人都靜默停下來思考，接著答道：「應該是獨立機關？」

我緊接著請大家再思考看看，獨立機關是否也有上級機關？這時大家才

開始意識，金管會是屬於行政院所管轄。我們再一起往上推，行政院下面有哪一些部會？進而從過程中釐清所謂的社會體系。

你從這個討論過程當中有發現什麼事情嗎？

這個討論過程，也許該名工作者是一時沒有立刻反應過來，而非不知道，但同時也反映出，很多人身處自己的工作，卻沒有太清楚自身產業與社會體系的關係，**如果你可以全面瞭解從上到下的關聯以及不同層級的層次，你就容易在接觸到一個「新的素材」時，從每個細節過程當中，找到不尋常的蛛絲馬跡；**而這些細節，都能成為你的素材與資訊，且因為有意識地思考以及覺察，更能把資訊統整搜集之後，依照自己的觀點發展成內容。

● 寫作公式：風格 x 觀點 = 話語權

這便是我們所定義的風格與觀點，兩者長期積累下來，久而久之就能發展成「話語權」，一旦讀者習慣了你的詮釋與論述，自然而然就會成為鐵粉，這無關乎發表內容的頻率，更無關乎發表內容的長度，而是取決於你的深度，想法及思維，這三者是無可取代的。

在我們夠了解社會體系時，也能換另外一個視角去思考單一事件。舉例來說，在疫情開始的初期，有一天我在新聞工作上收到一張印著雙鋼印口罩的照片，當時雙鋼印口罩已經正式發行，但收到資料時，時間點離上市還有四天，那這件事情就很奇怪了。奇怪的點在於，為何尚未允許販售卻可以購買？

另一個疑問點是，為何中央規定只能在藥局及衛生所等口罩實名制場所購買到雙鋼印口罩，民眾卻在電商平台上購買到？

還有第三點：我所收到的照片，口罩上的雙鋼印與政府單位所公布的規格有所不同。

這三個點是我當下就察覺到非常不尋常的地方，但之所以會意識到這些資訊異常，是因為我清楚知道整個社會政策上時間點、規章、購買場所與方式；會清楚知道這些方式，更是因為時刻在搜集自己的「資訊資料庫」，並且將之整理成個人的海量資訊，並在遇到任何事件時，便能從腦海中抓取、馬上運用，這就是判斷資訊可用性的實踐過程。

從最一開始我們提到，了解社會脈絡，到遇到事件時搜集資料，作為統整，接著判斷資訊可用性，最後結合我們的觀察及觀點，發表成內容以後，就成就了個人觀點及話語權。這一則新聞，後來也成為獨家報導。

再舉第二個例子：

我曾訪問一位於二〇〇三年開抗煞（Sars）巴士，到現在也第一線加入防疫巴士行列的司機員，該議題發想步驟如下。

< 全文請見 >

步驟1 研究議題

研究該位司機的背景，舉凡家庭背景、年齡、現況、工作經歷。資料來源包含他的個人臉書、過往媒體的報導資料。

步驟2 議題設定

在媒體內又叫做「切角」，因為已經有其他媒體報導，那我該如何報導才可以更細緻？或者引起注意？

於是，我聚焦在細節：「十八年前後的任務不同」，這個不同又可以細分成三點：①載運對象的不同：對象不同便能延伸出，載運地點的不同。②輪班時間不同。③實際上的工作人數不同。

步驟3 議題延伸

從第二步的設定，延伸其他的細節內容。再往下延伸，像是載運地點的不同，了解這件事情的目的是什麼？此外，還能得知「車程」，舉例來說這位司機十八年前的任務是「從和平醫院載醫護人員到汀州街的三總」，那背後的資訊就是，車程大概二十分鐘。

輔以司機跟護士的輪班不同，就能夠延伸出因為醫護人員一天四班制，這位司機一天要拆成四種時段睡覺，每次只能睡二至三小時。

而為什麼會問到這些問題，就是因為知道防疫巴士司機都要穿脫兔寶寶裝，載運完確診者或醫護人員，都需要消毒。

透過這些細節的描繪，就可以讓不知道防疫巴士如何進行的讀者，更有感、也能體會這份工作的辛苦。

上述舉例只是想表達，「當你在研究議題很充分的時候，不一定要真的實際上有個列表才能撰寫或創作內容，而是即時就能產製」，不過這個心得也是泛指具即時性的東西，因此若需要長期規劃的文案、議題，基本上這些過程也是brain storming之一。

只是我自己的經驗比較缺乏這一塊，但是大量掌握議題資訊時，對於要寫什麼、要創作什麼，會很容易有自己的想法跟觀點，而不會寫出空泛又重複性已經很高的文章。

若想透過議題挖掘寫作，可以做的事情就是「大量的閱讀」累積個人的資訊資料庫，並且充滿好奇心，同時「不知識偏食」，閱讀不同類型的文章、書本或者是雜誌，以及大量地與他人交談，因為每一個人都是不同的故事，從一個人的人生經歷，可以獲得跟你完全不同的處事方式還有觀點以及觀念，久而久之，在大量地接觸到不同類型的人時，你就會產生敏感力，會發現所有的資訊都隱藏在生活當中，即使是不起眼的兩三行字，你也會覺得它很獨特，到這個時候就具備資訊敏感度了。

第二、透過官方網站資料，判斷正確資訊

當你想要去查一個字詞的用詞是否正確，或者是它的同義詞或是反義詞，很多人會用Google查詢，接著以多數資料顯示的內容作為正解，但其實最能保證出處沒錯、資訊正確的，是「教育部國語辭典」。

除此之外，如果想確認二〇二二年全球疫情資訊、確診人數、死亡人數及各國疫苗接種比率，則可以到各國的衛生局、衛福部網站及社群媒體或者約翰霍普金斯大學的網站（https://coronavirus.jhu.edu/map.html），查到最新且正確的資訊，並且從原始資料當中，篩選及分析自己有興趣的議題及觀察。

為什麼堅持官方網站資訊？因為現代人的社群使用習慣，會很容易在臉書、抖音、推特上，去看名人發布的即時文章，來接收新的資訊，然而資訊大部分都不是來自官方訊息。

為什麼一定要官方訊息？原因是部分人士將官方訊息整理為「二級資料」時，可能會理解錯誤，或僅以部分、片段的資訊來闡述個人觀點，但如果你想要知道的是「最完整跟最新的訊息」，必須要到官方網站，**直接獲取官方資訊**，

才能從中訓練自己的資訊判斷力，在你撰寫文章的時候也很容易取得別人的信任並累積權威。

上述是非常容易建立資料庫的兩種方式，而且也會因為你的個人背景不同而產生獨特的資料庫。如果你非常認真地想要做系統性的規劃，也可以把搜集來的資料做分類，當想要快速取得資料的時候，就可以從這些訊息當中來做資料的統整，加快效率，且成就你的思維模式與思考高度及深度，只要持續練習，就可以透過文字提升到不同維度。

【技法③】

聯想力結合個人專業，讓枯燥知識變有趣

寫作時，除了觀察力養成之外，必備的另一項技法是「聯想力」，廣義而言便是一種思想與思想之間的連結，促進個人水平性思考及逆向思考。聯想力可以時時刻刻在生活中練習，像是走路時看到的風景、突發事件，閱讀時看見的某一句話、某一個章節，與個人生命故事串連起來，就能夠是全新的故事。

活用自身專業大膽聯想，小心求證事件內容

聯想力有趣的地方，就在於每一個人的專業背景不同，透過你對一件事情的聯想，就能創造出獨特的訊息，假設你是金融工作者，一件事情的發生，你可能會先往財經資訊方面想去；如果你是體育背景的專業，可能會想到和健康有關的資訊，**所以聯想力，必須得加乘你的個人背景才會有意義。**

以我自己而言，本身個性就比較容易天馬行空，再搭配媒體專業背景，整天腦袋裡面就是想東想西的，可能有時候聽到一個聲音，我就會去思考「哇！曾經在那裡聽過」，循著這個路徑，想到自己曾在那個地方發生什麼事情，再從事件本身，去延伸個人的情緒與故事，並且將之記錄下來。

這個就是透過聯想力，創造「靈感」的過程，當你可以把握閃過的這些訊息，就越來越能發掘生命中的細節，並且把它記錄下來，等到需要時，就能

從腦海或者實體的筆記當中，盤點手上的撰寫素材。

有時候你會發現，有些人講話內容很豐富，可以即時想到不同的資訊，或是想法非常跳tone的時候，那可能是因為他的生命經驗很多元、聯想力還不錯！

實際在寫作上，聯想力如何運用呢？

有一回在工作上，目標是需要找到「有分量的獨家新聞」，像是名人的獨家消息、影響社會觀感的事件、尚未發出的重大消息等等，除此外還必須找到獨特的切入點。

這時我要找的起點，是一個「蛛絲馬跡」，迫於時間壓力，我能做的就是先滑一下臉書。此時我就在臉書發現一對名人夫妻代言鈣片的產品，但文案寫是「一年可以長高13公分」。

根據我對藥事法的了解，與事實不符合的廣告宣傳，是違法的！所以此時我對這個蛛絲馬跡起了很大的懷疑，便搜尋《藥事法》對於廣告不實的定義。

《藥事法》第六十八條載明，藥物廣告不得以下方式為之：

一、假借他人名義為宣傳者。

二、利用書刊資料保證其效能或性能。

三、藉採訪或報導為宣傳。

四、以其他不正當方式為宣傳。

在看到「藥物廣告不得利用書刊資料保證其效能或性能」的條目，我便假設這對夫妻的代言可能是違法的，但因為沒有百分之百確認，所以進一步搜尋了此對夫妻藥事法違規的紀錄。

前一章節提到，上述相關資訊應該都要到官方網站去查詢，才能擁有最完整的資料，因此我搜尋「衛福部食藥署」的網站，便民服務中的「違規食品、藥物、化妝品廣告查詢」。

從公開資料查詢產品違規紀錄，並且直接撥打到官方聯繫方式，請求提供正確的資料，發現該名人連續半年都有不同代言產品的違規罰款紀錄。在資

進入衛福部網站尋找求證

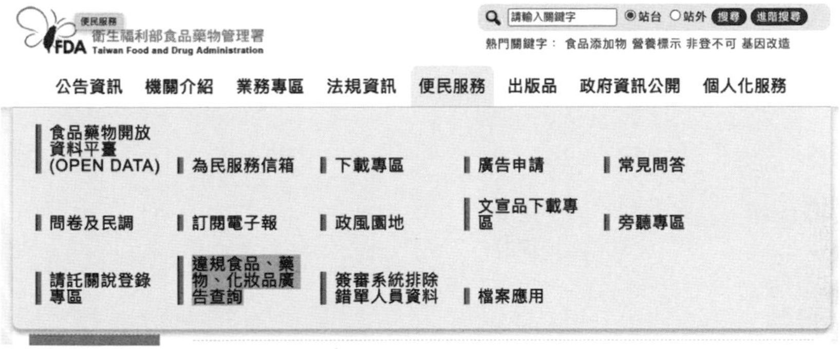

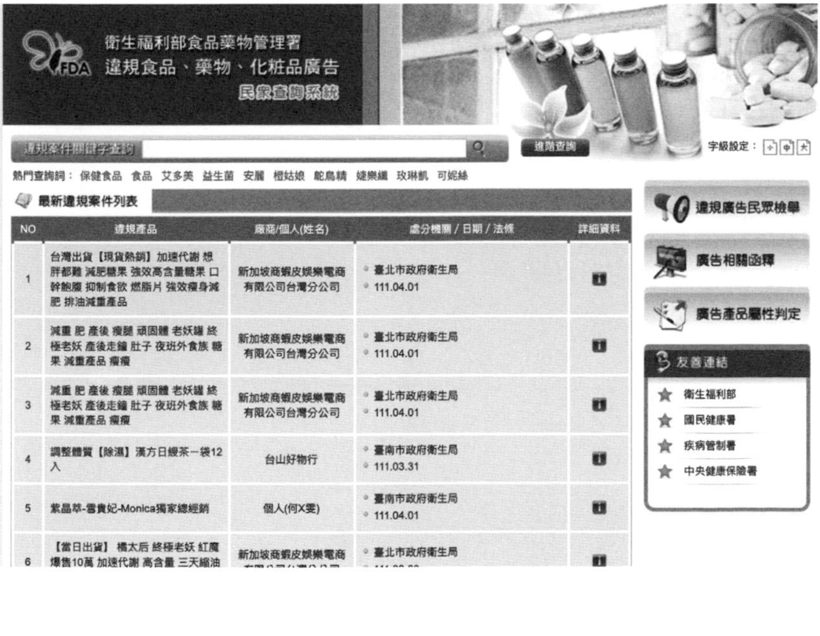

料充足且名人效應的狀況下，我製作了兩條獨家新聞，達成目標。

大家看到這裡，會不會好奇我是如何聯想的呢？這就與前面章節提到的「了解社會脈絡」有很大的關係。基於對醫療的了解，我的基礎資訊是「藥事法明訂不能宣傳療效」，並且確認資料可信度。

所謂「廣告療效不能誇大不實」，的確不能具體提到「能瘦幾公斤」、「能長高幾公分」，又該產品若僅為保健食品的話，就完全不能提到療效，這就是第一個文章的觀察切入點，而關於這一點的「證詞」，我們有採訪到政府單位的專員，替這條新聞佐證，增加信任度及說服力。

再來，我們的目標是「有分量的獨家新聞」，因此除了上述事件外，還需要多一點資訊佐證，因此運用了聯想力，「假設這對名人代言這麼多產品，會不會有多次違規紀錄？」查證下去之後，發現他們在半年內有六項產品代言是違法，而為什麼罰錢後可以連續再犯，原來是藥事法規定，「如果不是代言同個產品，並不會算連續違規」，是不會被檢舉的！

這個就是聯想力的運用，「大膽假設，小心求證」，求證過程時，逐一搜集資料，證明自己的想法與觀點是對的。

公開資訊的觀點議題，如何找到獨家的「切角」

其實公部門或者是各個你想研究的產業，常常會公布一些官方數據資料，像是人口統計、薪水調查、戶籍人口轉移等，從官方資訊當中，也可以很容易發現不一樣的資訊。

● 最多境外移入的地區，是歐洲嗎？

在一次疫情記者會當中，公布當天有二十四個境外移入，官方資料統一都會提供國籍、性別、確診日期跟症狀，這是每一個人都可以公開取得的資訊。

以生態圈的消費金融模式的紀錄，這個發想就會引起北北基人的關注，並且再進一步延伸到「人民生活消費是否被掌握」等大膽假設，這篇文章就在我個人網站上成為流量第二高的文章，並且也打中了在雙北搭車刷卡的人，因為這件事情都與他們有關。

●家樂福物流大火事件，還能有什麼觀察角度？

再舉一個聯想力的例子。二〇二二年三月家樂福桃園物流中心發生大火，很快就成為熱門的新聞廣為人知，但因著個人身分的轉換，我撰寫了一篇「以創業家身分來看家樂福大火的觀察」，貼文的按讚數據比過往多上四、五倍。

家樂福物流中心失火，燒掉了什麼？

家樂福幼獅楊梅物流中心，是該企業在亞洲最大的自動化倉儲配送系統，更是最先進的智慧物流中心。為因應線上購物及配送的電商趨勢，打造佔地4萬坪，堆放大批乾貨民生物品及電商商品，2021年第四季才啟用。

根據官方在去年11月發佈的新聞顯示，家樂福預計2026年電商交易總額達100億歐元，並額外創造數位化業務營業利潤6億歐元。這也顯示，物流中心的啟用，是達成集團目標的關鍵之一。

100億歐元，折合台幣約為3122億，也就是希望透過電商交易，在全球逼近台積電去年同期一季的營收（3624億），要注意家樂福是量販業者，客單價低、利潤空間有限。

創業前看這一條新聞，只聚焦在火很大、人員傷亡；創業後特別關注在物資配送、維持服務、損失、再建等。

經營事業不易，處處都有潛在危機。管理應變與面對風險的能力，更是企業永續經營的關鍵。

本篇文章是基於「創業家」身分出發，因此思考出發點是「當我的公司出意外，是否還可以繼續經營下去」以及「家樂福物流中心的未來規劃」。聯想的資訊包含了自己過去曾經上過的企業管理顧問課，以及家樂福本身的官方新聞稿，透過未來規劃的資訊，才能知道物流中心所占有的地位，以及襯托火災嚴重性。

在動筆之前，我先進入台灣家樂福的官方網站，點入「新聞中心」後，由於本文撰寫目標是「物流中心未來發展」，正巧官網有一篇是「家樂福以成為全球數位零售領導者為目標」的新聞稿，內文詳盡地說明了數據及未來規劃，因此部分資訊可直接引用。

補充說明，企業集團的新聞稿，基本上就是要對外公開的資訊，任何人都可以直接引用（要註明來源），是最正確的內容。

在資訊來源確認後，我的文章圍繞著「創業家」身分主軸開場，並且引用企業官方資訊，增加信任度、深度及前瞻性，讓讀者可以一看就知道，此次火災非同小可。中間提及營收時，以大眾較有感的「台積電」營收作為相比，知道此物流中心燒掉的產值及嚴重性。結尾以「前後呼應」法，以另一場火災的業主未重新營業作為借鏡與反思，完成本文。

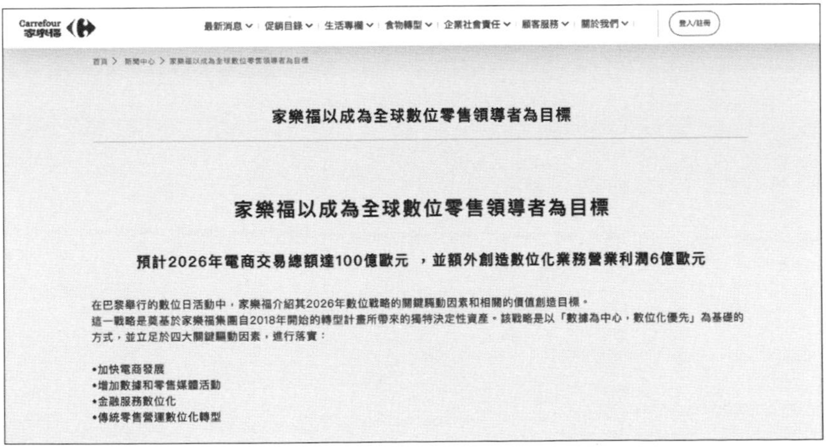
Carrefour 家樂福
最新消息 促銷目錄 生活專欄 食物轉型 企業社會責任 顧客服務 關於我們 登入/註冊
首頁 > 新聞中心 > 家樂福以成為全球數位零售領導者為目標

家樂福以成為全球數位零售領導者為目標

家樂福以成為全球數位零售領導者為目標

預計2026年電商交易總額達100億歐元 ，並額外創造數位化業務營業利潤6億歐元

在巴黎舉行的數位日活動中，家樂福介紹其2026年數位戰略的關鍵驅動因素和相關的價值創造目標。
這一戰略是奠基於家樂福集團自2018年開始的轉型計畫所帶來的獨特決定性資產。該戰略是以「數據為中心，數位化優先」為基礎的方式，並立足於四大關鍵驅動因素，進行落實：

•加快電商發展
•增加數據和零售媒體活動
•金融服務數位化
•傳統零售營運數位化轉型

●北一女防身術演練，如何讓大眾聯想「與我有關」

記者工作幾乎每週都需要獨家新聞，也必須具備將「素材」包裝的與「大眾有關」，甚至引起社會大眾關注。

有一回收到北一女的新聞採訪通知，標題寫著「防身術演練」，邀請中華武術教練來教學生如何防身。

看這個採訪通知，其實與大眾關聯性並不大，可能單純報導此事件，也不會有太多的關注。但如果透過「議題」聯想，並且將此事件與「大眾有關」連結在一起，就能夠有更多的關注。

在撰寫此篇內容時，我將北一女防身術活動和當年十天內發生十二起分屍命案的社會事件連結在一起，倡導女性應該要學會防身術，並且透過電視直播，讓原先看似渺小的校園活動，引起大眾關注。

最近社會事件頻傳，受害者大多都是女性，就怕女學生在路上遇見危險，北市教育局就特別找來國家級武術教練在校園開設防身術課程，第一站來到北一女中，120位樂儀旗隊學生脫掉小綠綠制服，現場演練遇上壞人如何防範。

手掌向下切手肘，女同學就把扮演加害者的人一個個摔在地板引來驚呼，遇上襲胸則是直接用大拇指戳向對方眼睛，或者咬住壞人拇指趁隙逃跑，還有色狼偷摸手，趁還沒有抓緊之前就先抽手或反手拍掉求救，北一女學生脫掉小綠綠換上運動服，學起防身有模有樣。

北一女學生：「步驟很少，所以你其實會記得比較快，如果大家平常有警戒心，如果是那種很膽小的人，我想應該很快就會記住。」

北一女學生：「一開始不知道施力點在哪裡，後來就學會擋的勁道，撥開歹徒的手。」

近期不少受矚目的社會事件以女性受害者居多，台北市教育局就找來中華武術散打搏擊協會來教授防身術，專業國家隊教練入校指導，還有散打搏擊冠軍也是教練團之一，第一站來到北一女中，教導120位樂儀旗隊學生遇到壞人如何脫身。

國家隊教練蔡豐穗：「我們必須先壓制，讓他完全貼近你的身體，第二個步驟往你斜下方往你肚子的下方移動，移動瞬間往後退。」

校長說因為樂儀旗隊學生容易受到矚目，因此特別讓她們學防身術，就希望學生如果危險，都能夠快速脫身，保護自己。

所謂的資訊聯想力就是當你取得資訊、發揮好奇心，仔細求證，得到觀點就是聯想的過程，因為對事物的好奇，會去確認資訊是否跟你的觀點符合，在這個過程中再去二次的搜尋資料，就會得到更多的資訊；因為方向明確了，就會往下一步更深層的地方去挖掘，發現更多二手、三手的資料，這些都可以作為寫作或是創作內容，豐富你的基底。

【技法④】把小眾議題大眾化的話題包裝法

如何判斷何謂大眾議題？首先我們簡易界定「大眾」的定義，在大眾傳播領域當中、新聞收視判斷的尼爾森報表，將四歲至八十歲的人口，稱為大眾，因此若我們判斷議題是否可廣泛被接受、適合套用各個人群，便可從此依據下手。

決定議題前，先思考大眾對何種議題感興趣

什麼樣的內容、議題，是與四歲到八十歲的人息息相關的呢？花五分鐘思考寫下你的答案（列出五個主題）。

（1）
（2）
（3）
（4）
（5）

接著想想看，四歲、二十歲、五十歲、八十歲的人群，分別會如何思考這些議題？或遇到何種問題？

四歲：

二十歲：

五十歲：

八十歲：

寫完後，思考看看，原本設定的主題，真的夠大眾嗎？

大部分的職場工作，在自己所專精的領域懂得很多，可以順暢溝通，也能快速理解「行話」，但是要將「行話」解釋給外行人聽，似乎就會遇上困難，也不知道如何讓人理解；即使是你覺得相當基礎的用語，都還是有人完全聽不懂，若你碰到上述的狀況，就是小眾議題需要大眾化的原因了。

話題包裝法，也可以視為是將一般人難以理解的艱澀議題口語化、大眾化，也像是一種「轉譯」的角色。但網路文章「轉譯」需要搭配時機點、話題性，並非只是單純的把難以理解的文字說得更簡單。

因此我們需要觀察「最近流行的議題」、「最近大家關注的內容」，所謂的「最近」，其實就是一～二天、一週內發生的議題，或者是二〇一九年底開始的疫情，直至二〇二二年仍未消散，那這三年大家都還是會特別關注疫情相關任何議題。

實際案例分享：以生活場景應用，說明難懂的新興科技

聊天機器人（Chatbot）本身是種技術，可稱為「對話式商務」，店家事前擬定機器「腳本」，消費者僅需透過文字對話，就可以完成購物消費流程。從品牌端角度而言希望可傳遞「透過 Messenger 訊息、電話、智慧音箱三個渠道，讓AI聊天機器人自動幫商家接收訂單」的資訊。

然而，從上述敘述中，若非相關領域工作者，會一時不了解這項技術要怎麼應用、與我們的生活又有何關？

因此我們必須學習將專業議題大眾化、口語化，使讀者、大眾接受度提高。以下舉例則為「場景應用」，將實際大眾生活的使用行為、場景，描繪出來，並且透過「議題設定」，將疫情的時空背景融入其中，將使用行為合理化，同時讓大眾有感，產生使用意願。

用臉書訊息點餐結帳「無接觸消費」抗疫情！

科技新創 GoSky 首創數位餐廳

疫情升溫，商場、百貨、餐廳消費結帳時需近距離接觸增加感染風險，台灣科技新創公司 GoSky 構思網路科技，跨界推出「無接觸餐廳」全程使用臉書訊息（Messenger）聊天機器人（Chatbot）對話點餐，並綁定信用卡結帳，取餐時出示 QRcode，就能夠完成消費流程，完全不需要使用現金，更不需要與店員交談，接觸，為疫情守住防線。

< 全文請見 >

〔技法⑤〕運用「切角」擬定法，寫出專題系列文章

很多人在撰寫文章時會發生「一篇文章太多重點，但每個重點都講不清楚」的狀況，此時我們可以採取「系列文章」的寫法，以同個主題、多篇系列文章的方式撰寫，好處是完整表達個人觀點，同時大量累積作品，為自己的寫作訂出個人風格。或者同一個主題，寫出完全不同觀點，讓自己有更多元的視角解析同一件事情，以批判性思考的方式，練習出完全不同的切入點。

在系列文章的撰寫中，最重要的就是擬定「切角」，切角將會決定一篇文章的獨特性、傳散度、討論度、重要度、實用性，因為「切角」就是讓讀者從你的視角，去觀看一件事情，如果你的視角，和大部分的人都差不多，或者無法引起其他人的共鳴，那麼「切角」就不具特別的意義，反而流於通俗。

大部分人不清楚的是「切角」如何發想，什麼樣的切角才是好的、有趣的、好看的，其實沒有一個切角是絕對的好或絕對的壞，只有特不特別、新不新穎的差異，也只有多多嘗試才能找到適合自己的定位。

延伸第二章提到的「專業文字工作者，都是這樣鍛鍊的」，在業界，文章的切角是由主管與撰稿者來回討論，確認每月、每週的篇幅有多長，像是雜誌，一篇專題可能一人有四頁或十頁，電視台則有一則專題報導三分鐘、五分鐘等物理性質限制，因此專業工作者在執行切角時，可依據既有的框架的規範，去切出適當的小主題、分配內容比例。

但個人在寫作時，因為沒有備受限制，想怎麼寫都可以，反而會讓自己陷入迷惘，但內容發想的限制與框架，也可以靠自己來制定。比如在發想系列文章時，你可以為自己制定原則，像是一篇專題分成三篇、五篇，一篇文章限制一千五百字到兩千字，未來在規劃內容時，就可以更有方向。在撰寫文章時，「切角」適用的情境與運用的方式，可以分成三大類。

（一）一個切角，切出不同觀點，放在同一篇文章

假設今天有三個完全不同的素材：①電動機車、②家庭教育、③離岸風電，要將這三個素材寫成一篇文章，你會怎麼下手呢？

方法1 挑出文章內的關鍵字

從素材可知，電動機車與離岸風電，兩者雖然是完全不同領域，但都是「綠能」項目，因此可以從「環境保護」、「綠能發電」的方式分類。

方法2 素材銜接

分類完兩個子項目之間關聯後，再與未分類項目做銜接，也就是「環境保護」、「綠能發電」與「家庭教育」做銜接。

銜接的方式，可以向下挖掘細節，像是「家庭教育」可分為幾個子項目，比如觀念建立、親子互動、兒童知識學習等。

方法3 細節銜接

看似完全不同的素材，可以透過分類跟子項目挖掘，產生新的內容，像是以下的範例。

〔實際舉例〕二〇二五年，政府將達到「非核家園」政策，包含提升我國電動機車普及率、打造離岸風電產業，家長帶頭讓孩子理解何謂「綠電」，以及如何環保省電更是重要課題。

同樣是前面提到的三個素材，除了剛剛先挑關鍵字之外，可以製造另一種切角，寫出另一篇不同方向的文章。

方法1 反向素材思考

呈上述寫法離岸風電及電動機車為「綠能產業」，除了順著這個議題寫下去外，也可以舉相反的例子，如核能發電、環境污染等議題。

「家庭教育」則可延伸到學校教育、社會教育，用更多元的觀點使得議題更廣。

方法2 素材銜接

將相反議題列舉出來後，再來思考這些議題如何銜接，銜接的方式可以透過「大命題」的方式，進行探討。

方法3 細節銜接

將所有發想的議題串連起來，成為全新的內文及主題。

〔實際舉例〕夏季用電屢創新高，台灣停電次數越來越頻繁，而核能發電也須面臨伴隨而來的核廢料處理問題，政府預計於二〇二五年完成「非核家園」政策，為讓孩童從小具有省電環保意識，教育部協助學校增設綠能校園太陽光發電，企業也推動 ESG，電動車更是越來越普及，家庭教育更是至關重要的一環。

（二）同一個主題，產出不同的系列文章、內容

針對同一個主題，有時候我們有非常多想法想要表達，但又沒有辦法在一篇文章完整說完，此時就非常適合運用切角的方式，開啟幾篇系列性的文章。

步驟1 發想主命題

在系列文章的主題，通常都會探討一個較宏觀、大方向的議題，這個議題可能是很多人關注，卻不一定有正確答案的內容；這個議題下又可以區分出非常多的子命題延伸探討，且每個子命題之間既相關又可以拆分討論，那麼就是非常適合作為系列文章的主題。

步驟2 發想子命題

前面提到，子命題可以拆分、也可以前後文銜接，因此子命題的合適角

度，必須要適合完整寫出一篇文章，而不是只寫到兩百五十字或五百字，一個段落、兩個段落的長度就可以，同樣也需要包含導言、內文、結尾，否則就沒有存在的意義。

發想時，可以直接發想好內容順序，比如誰是第一篇、第二篇等，文章發布時，更可以預排一週一篇文章，或者同一篇所有文章一起上線，結合行銷操作。

步驟3 構思大綱及刪除部分子命題

在發想角度時，不能非常確定此子命題是否真的適合寫完一篇文章，因此建議在動筆前，**先思考每篇文章是否可再擷取出三個重點，並且每一篇文章的導言角度都完全不同，卻又可以圍繞著「大主題」而走。**

假使想完後，發現部分切角真的寫不出一篇文章，那也不用硬湊，就直接把該子題刪除即可，透過多次來回的思考，你腦海中的內容資料庫，也會逐步建立完成，之後在撰寫系列文章時，可以更快且精準地抓到自己想要的角度，或決定是否要寫系列文章。

●實際舉例

以下這篇文章是我發表在先前任職的媒體公司，總共分成三篇，每一篇都有不同的議題探討，從大型議題的器官捐贈，到個人故事，再到與母親的感人相處，去呈現生命的可貴及生命最後的相處，文章發布時，正好是母親節，因此第三篇文章的切角，也是特意跟上母親節的話題。文章及影音發布後也被振興醫院引用全文，在醫院內部播放。

主命題　第二人生／男心臟移植努力重活 用心跳聲帶給捐贈家屬勇氣

〔導言〕

「我是台北振興醫院編號第461位換心病人，從我醒來的那一刻，461號就一直跟著我。」爽朗且大方的談論著過往，他是黃健予，今年57歲，2016年8月8日父親節，老天爺開了一個玩笑，他心因性休克，被緊急送到汐止國泰醫院，但狀況嚴重，必須轉到心臟醫學中心，急診醫生幫他打遍全台北的醫院，但都滿房，在最後一通關鍵，振興醫院空出一張病床，收治他，9天後他幸運排到心臟移植，醒來後有了全新的第二人生，他帶著這股幸運，到器捐中心當志工巡迴演講，給予器官捐贈家屬勇氣。

子命題 第二人生／他心臟移植後暴瘦、中風失明　狂重訓盼活過十年

〔導言〕

心臟捐贈是一命換一命，逝者用另外一種方式活在這個世界上，而所有的器官當中，又只有心臟有聲音，這股幸運發生在現年57歲的黃健予身上，2016年8月8日，他心因性休克，心跳曾驟停73分鐘，昏迷9天後，他排到心臟移植的機會，帶著重活的勇氣鼓勵他人，然而在勵志故事背後，有著不為人知的痛苦，他因移植心臟的大小較大，壓迫到肺部，影響心肺功能，甚至中風、失明、肌少症通通都發生，然而他不向命運低頭，努力復健，做強化訓練，三到四年的時間，將自己的人身行動，回到極盡正常的狀況。

子命題 第二人生／男心臟梗塞因器捐重生 醒來與母和解她卻癌末逝

〔導言〕

曾是意氣風發的公關公司總監，黃健予曾過上那種外人想見的大魚大肉生活，體重突破100公斤，更以「人生勝利組」為目標，但2016年他錯失健康檢查時，醫生給的心導管手術檢查建議，同年父親節他心因性休克被送到汐止國泰醫院，緊急轉院到振興醫院，昏迷9天後，醫生決定進行心臟移植手術，他也幸運等到心臟，醒來之後人生從此有了新的代號「編號461」，而他帶著這股幸運，分享「失去心跳的勇氣」，但老天爺的玩笑沒有停止，母親卻也在短時間發現癌末，30天過世。

（三）設定議題與讀者之間的關聯性

讀者會有興趣的文章，必定是與自身相關、新的知識，或者突破原有認知的事件、有興趣的內容等，因此內容本身是否從讀者角度方向出發，就變得很重要。那麼該如何讓資訊變得與讀者有關？

文章資訊主軸 **寵物照護大於飼養**

【以創業家故事為主軸】

創業六年、獲得百大經理人的獸醫爸爸黃聰圍創辦聯盟寵物醫院、百分百寵物生活館的寵物百分百集團，攜手台大E-iMBA學生會廣邀專家齊聚舉辦「第二屆動物醫院數位化轉型論壇」，探討動物醫院數位化及寵物健康衛教如何透過數位科技的方式更普及，更強調寵物照護大於飼養。

【以產業現象為主軸】

（※帶到關鍵數字，全台貓狗新增登記數比新生兒出生數還多）

內政部統計，累計2021年至11月新生兒出生數為13萬9693人，但根據寵物登記管理資訊網統計，全台貓、狗新增登記數量則高達22萬401隻，遠遠超越新生兒數字。隨著寵物當道，如何照顧毛孩，也成為毛孩爸媽關心的議題。如何透過數位科技方式照顧毛孩、傳遞衛生教育。

透過「資訊關聯性」的判斷及運用，原先看似完全無關的素材，也可以成為有趣的觀點與內容，成功讓讀者有感，建立與文章的共鳴。

比如你是學生身分，想要放在校刊上或者其他公開的平台，又或者是想作為學術論文研究一環等等，說明清楚來意，基本上邀約成功的可能性就很大。

正式且有禮貌的邀約方法，還是要透過Email，如果跟對方是社群好友，傳訊息打聲招呼，再寄信也可以。

步驟3 初步訪談：正式訪談之前的暖身，讓後續過程更順暢

邀約成功後，就正式進入與訪談有關的工作流程，大部分的人在正式訪談之前，都會忽略掉一個小細節，也就是「初步訪談」，我建議抓二十分鐘內即可。

初步訪談的目的，大致上可以分為三種：

（1）讓彼此對這次的訪談內容與主題有所共識，確保正式訪談時不離題。

（2）熟悉彼此，避免正式訪談時尷尬。因為有時候我們跟受訪者沒有這麼熟悉，過初步訪談，能先行了解對方的想法，比如說明這次訪談的目的

跟意義，以及對焦受訪者有沒有額外想要達成的目標，比如想傳達某種理念，在初步訪談中，可以更熟悉對方的個性，也會增加信賴感。

我曾經訪問一位創辦人，他在事前主動說要聊聊，因此初步訪談大概花了三十分鐘通話，雖然超出預期的時間，但可以感受到他對這次訪談的重視。

（3）有助於下一步擬定訪綱。擬定訪綱時需要搜集好資料，也會影響到文章主軸。同時，訪綱需要事前提供給受訪者，如果沒有訪綱，有些受訪者是會焦慮緊張的；初步訪問的目的，也是一個親自跟受訪者挖掘議題的機會，並讓訪綱擬定得更完整及切中要點。

步驟4 訪綱擬定：讓受訪者知道自己「能事先準備」的定心丸

初步訪問結束後，就會進入到訪綱擬定的步驟，但非正式談話，不一定需要訪綱。以我個人經驗而言，訪綱除了是對話的流程基礎之外，最重要的不是給採訪者提詞，而是讓受訪者安心及一種尊重。

大部分的受訪者是沒有深度訪談經驗的，因此訪綱才能讓他事先準備好議題。如果是知名人士需要訪綱，通常都是公關人員要確認這些問題是否能夠被提問、會不會失焦，雙方需要來回溝通，才能達到平衡。

也有另一派的專業工作者認為，訪綱的目的是為了讓文章有架構，讓對話不要超出此訪綱，每個職業人士看待訪綱的作用不同，這都取決於訪談風格跟工作流程。

步驟5 正式訪談：如果同時要記錄影音，時間至少要四小時

正式訪談的時間大約抓一小時到一小時半，如果有需要拍攝影片，建議抓到三～四小時，因為除了正式訪談的過程要拍攝，還有許多反應畫面，也就是大家常說的 B-roll* 要拍攝，還有需要準備燈光、收音、攝影機、腳架等不

同的硬體設備，因此影音會需要多一點時間。

步驟6 整理稿件：分配音檔素材，決定內容的呈現

訪談結束後，才是重點，透過錄音內容跟筆記，整理出想要產製的內容。如果是音檔，則需要刪減贅字，基本上不太會調整訪談順序。如果是影音，則會配上畫面，撰寫影音的腳本及稿件，再產製成文章。這個步驟主要就是盤點手上的素材，梳理成大綱，分配素材的運用。像是如果決定產製系列主題，可以怎麼區分內容，讓系列稿件可以符合MECE*的原則。

註

B-roll：A-Roll是主鏡頭，用來拍攝重要的故事與人物；B-Roll則是輔助鏡頭，用來補充、替代或銜接A-Roll的鏡頭。

MECE：「Mutually Exclusive Collectively Exhaustive（相互獨立，完全窮盡）」，是麥肯錫顧問公司梳理問題的法則，意旨內容互不重複，可以完全獨立。

步驟7 撰寫稿件：避免失真、太多主觀意見

有了內容大綱與方向後，就會進入到撰寫稿件的環節。人物訪談的稿件與一般文稿撰寫是有些差異的，因此新手要動筆並不是太容易。

兩種文章的差異在於，如果是撰寫自己的部落格文章，可以帶入主觀的感受與想法，但如果是人物訪談，則是用第三人稱角度闡述對方的想法。文章需要帶有個人風格，又不能失真，也需要更大量的客觀背景資訊或大面向的資訊作為基底，才能讓人物訪談更深度及完整，避免流於逐字稿整理的八股文章。

【技法⑦】寫出共感情境，讓讀者與文章情緒產生共鳴

當你每次看到感同身受的內容，那種感覺就是共鳴。有了共鳴，就會產生行為上的改變，比如說回覆文章、分享文章，進一步將這篇文章推廣出去，產生流量與回饋。

當你「感同身受」，正是因為這些你所看到的內容，意外地勾起人生中的某一個片刻，讓你突然間進入了過往的某個情境，接著開始陷入回憶，在這

樣的共鳴產生時，很多人會歸結這樣的內容是「有溫度的內容」。

除此外，在萬維鋼老師《得到》的內容就曾講到，「熟悉＋意外＝喜歡」，也就是你明明熟悉的情境，但意外地看到他人用不同形式表現，就會激起你的喜歡，這樣便是吸引人注意的關鍵。

那要如何以文字表現，勾引讀者進入你想表達的情緒當中，並且產生共鳴？又要如何在撰寫個人經驗時，不賣弄專業，卻又同時能夠把想表達的情緒讓大家理解呢？

我要提供的方法是「模擬情境」，讓讀者產生「共感」。

在文字段落中，打造大眾熟悉的場景或情境

大家還記得海倫·凱勒的故事嗎？她是一位美國作家，小時候同時失明

與失聰，但她的家庭老師相當有耐心地教導她。海倫・凱勒所學會的第一個單字是「Water」，你還記得她是怎麼學會的嗎？

老師帶她的手，去觸碰海水，感受冰冰涼涼的感覺，這時老師在她手上再次寫下英文單字，海倫・凱勒便把單字牢牢記住。原本不了解的意思，在瞬間明白「流過我手心的，就是水（water）」。

文字就是要勾起這樣的「共感」，引用一個大眾熟悉的情境、狀況，讓讀者有「感同身受」的體驗。以下舉我曾寫過一篇文章〈做決定前必須「大撒漁網」從未知海域捕撈所需的養分…別守在自己的浴缸〉為例，說明如何在段落中打造讓大眾有共感的情境。

首先在標題時，我就已經先模擬了「知識」是一片海域，要捕捉未知知識（未知海域）則須「大撒漁網」。

因為對於捕魚，大家是有共同知覺的，但對於獲取知識的方式，則有個人見解，但我文章本身則是想強調，需要透過「廣泛搜集資訊」、「探索未知」

的方式來獲取資訊，因此將與海有關的內容，套用進此篇文章中。

文章內的第一段直接破題，希望大家在看這篇文章時，能夠有相同的「先備知識」。

我是那種一旦要做決定，就會很快執行的人，不害怕犯錯，更不擔心做了決定後悔，因為我深信每一個抉擇，都有其必要性。而在快速做決定之前，要做的其實是「大量吸收資訊」，我認為這個過程就像把漁網抛進大海中，不同深度、不同海域去多抛多撒幾次，當漁網打撈起來時，你才會知道，海底下藏著什麼樣的「未知」是你從未見過的。更要謹記著，你的從未見過，也許只是他人的日常。

第二到四段，我則是套進我個人的人生經驗，舉了兩個可以反映出上述因為知識不足而造成的笑話，更能夠從過去知識缺乏的實例當中，去體現現在與過去的差異。

第五段則是回到實際的現實生活當中，將自己的狀況統整，以及實際運用方法之後所獲得的改變。

第六段結尾，則是為整篇文章做一點總結，用詞更前後呼應「撈到」、「能很快執行、不害怕犯錯」。

我想面對任何事情都是這樣，不帶任何觀點的去理解世界上的事情、身體力行去搜集大量資訊、撈到最實用的知識，這個「挑三揀四」的過程當中，你就會越來越了解自己，才會有自己的面對任何一個決定，「能夠很快執行、不害怕犯錯，更不擔心做了後悔」，這全是因為你早就準備好，而且願意承擔。

<全文請見>

這個方法，無論套上何種情境跟情緒都很實用，好處是雖然都是寫生活經驗，但一旦有了「模擬情境」，就不會變成流水帳，反而可以讓更多人更有感覺。

另一方面，則是增加文章的豐富度與深度，不是單純的經驗分享，這樣對廣大的讀者才會更有意義。

【技法⑧】讓短文變千字文的情境描繪技巧

很多人想要表達一件事情帶給自己的情緒與感覺，常常只會使用形容詞，像是「難過」、「很開心」、「覺得很棒」等輕描淡寫的方法，記錄當下的感覺，忘了「細節」才是帶給人刻骨銘心的關鍵。

不直接寫出情緒，卻能讓人直呼「我懂！」

想要快速地撰寫出千字文，最好的方式就是使用「情境描繪法」。這種寫作技巧的精髓在於「不提到難過，卻能表達出難過」，也就是通篇文章或段落，沒有明說自己的情緒形容詞，卻讓人可以透過字裡行間明白你的情緒，像是喜悅、悲傷、生氣、悲憤等。

原因在於情緒表達的方式有很多種，你的難過跟讀者的難過一定不同，每個人詮釋傷心的方式也完全不一樣，所以為了要讓讀者可以感受到你的悲傷，**你必須捨棄掉「難過」這兩個字，也就是完全捨棄形容詞，以「情境描繪法」來勾勒你的感情。**

一旦讓讀者透過你描繪的情緒，感同身受，那麼這篇文章與內容，就會在他的心中有記憶，因為你引發了他的共鳴。實際上，這樣的內容如何撰寫呢？

大家先看看以下這段範例。

大部分的人是當你在處在最糟的狀況下，有了好一點的福利，被公司稍微好一點的對待，你就會莫名出現一種卑微的「感謝」，甚至覺得這樣已經不錯了，「別人可能一年都加不到薪水」。
但，為什麼你要拿爛的比？為什麼要否定自己的能力？

在這段文字中，我想表達的是「憤怒」，但我沒有直接寫出「公司不平等對待讓我很生氣」，**而是寫出我覺得不公平的心態，還有當時的情境，以及我自己是如何看待這件事情，用敘述的方式表達自己的不滿。**

這樣的撰寫方式，可以快速地讓讀者明白你真正在意的點為何、想表達的重點在哪，直接、明確，且可以瞬間理解及感同身受，並且反映在自己身上。

再舉一個不用形容詞，但描寫「難過」的情境。

每天早上睜開眼睛，我就一直不停流淚，哭到上班前，我才有力氣打起精神，去洗臉刷牙，整理一下自己進到公司，等著八小時後能夠下班回家。

有一年我在工作上很挫折，我是這樣描述「難過」的心情。這段話有六十個字，我把簡單的「難過」二字，拉長成六十字，沒有什麼訣竅，真真實實地呈現自己經歷過的狀況。

很多人在這一點卡關，可能是因為不曉得如何呈現自己的狀態、想要隱藏最真實的自己、不敢揭露最深層的那一面，但往往最觸動人心的，就是當你堂堂正正、實實在在揭露自己的時候，大家才會被你的真心感動。

寫論文的那一段時間，我每天早上八點就到研究室報到，一直跑數據跑到晚上十點，但每次數據設定都是不顯著，一直到有一天早上，剛進研究室沒多久，打開電腦跑著統計，數據全部都是「顯著」，看到統計結果的這一刻，我默默流下兩行淚……

這一個段落是我想表達在研究所期間，跑出數據那天非常「開心」。這一段總共一百零八個字，花了三十秒不到寫完。我相信有相同經驗的人，絕對可以理解在這種狀況下，到底有多開心與雀躍，所以不用很直白去說出當下的感覺，反而是留空間讓讀者想像，讀者才會自己套入自身的狀況，並對你的細節產生共鳴。

但當然不是每個讀者都會跟自己設想的情緒一樣，因此我們順著延伸這樣的寫作法，反思個人寫作可能會出現的盲點。

作業練習

首先請朋友設定一個「情緒」，並請他以情境描繪法方式，敘述一件事情（或寫下來），不要告訴你答案，接著請反思以下三道問題：

【問題一】你認為此段落想表達的情緒為？

【問題二】此段落想表達的情緒，與你理解的異同處為何？

【問題三】為什麼此段落的情緒，讓你有上述的感受？

這三個問題，是幫助你分析自我的感受及思考過程，透過文章分析，理解自己如何看待他人文章，會引起共鳴的點在哪裡，並且思考為何自己的感受會與作者有所不同，或者為何可以感受到作者的相同情緒。

從感受中換位思考，如何撰寫、描繪情境，才可以讓讀者感同身受，一次次訓練自己，並調整寫作方式，久而久之就可以掌握人心，寫出令人感動的文字。

【技法⑨】

擴大寫作風格和主題，從「模仿」開始

畢卡索曾說，「優良的藝術家抄襲，偉大的藝術家剽竊」，先別誤會，他的意思並不是要大家抄襲，而是要大家參考前輩的作品、思路，整合自己的想法、脈絡，給予新的詮釋，才能成就自己的風格。

隨著文風的變化，如唐詩三百首、七言絕句、五言律詩、駢體文等等，每個時代有不同流行的寫作方式與風格，在現今使用文言文溝通相當罕見，古

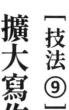

文也會被翻譯成白話文讓現代人解讀，不論文風如何變化，重點都在於以「文字」好好溝通、傳遞情感、表達事實與觀點。

在二十一世紀的社群網路時代，寫作也有其時代醞釀下的特殊風格，文字漸趨口語化、簡潔且生動，更迎來「知識經濟」的風潮，文人不再像古時詩人面臨「窮死」的命運。

除此外，每個作家、作者的學習歷程各有不同，再搭配其專業知識背景，成就了各式各樣的文風，每一個都是值得學習的對象。

突破寫作舒適圈，三步驟練習寫跨界文章

透過模仿、學習，分析對方常用的字詞，以及在其專業領域，常用何種形容詞、名詞包裝該產業的知識，藉以將個人思考及文筆、寫作方式，融入他者，

以沈浸式學習法，感受非個人專業領域的溝通法，再以自己的理解重新詮釋，是「模仿」的一大要點。

如何「模仿」才能夠學到精髓？在寫作上的「模仿」，大多都是去學習本身不熟悉的領域、作者、知識，藉以透過大量資訊，內化成個人思維，並且形成個人風格。可以透過以下的三個步驟，用「模仿」來拓展自己的寫作領域。

步驟1 搜集資料：大量閱讀「他領域」的內容，熟悉不同的資訊用詞和觀點

此處指的他領域，包含他人、其他產業、其他專業，也就是除了自己本身熟悉、擅長且理解的內容外，多方地跨界，將大量的知識輸入腦海裡。

對某些領域有著一定程度的了解後，才能在腦中形成對一件事情的看法與觀點，接著才進入到下一步分析。

步驟2 文本分析：
針對該領域某位專家或產業報導內容進行文本分析

搜集資料後，為了可以預備寫出該領域的相關知識，我們必須盡可能地理解在這個領域是如何形容一件事情，因此建議可以進行文本分析。

在學術論文中，文本分析的步驟包含形成問題與假設、界定母群體、抽樣、界定分析單位、建構類目、建立量化系統、定義內容編碼，接著進行量化分析。

但一般人不需要如此嚴謹及探究，我們鎖定兩種意涵即可，第一是建構類目，第二是內容編碼。

建構類目像是主詞、形容詞、名詞、動詞的詞性分類，或者單一詞性是屬於正面或負面；內容編碼則是計算單字詞出現的頻率、使用場景等。

實際用法像是直接把一篇文章丟到「文字雲」的網路免費系統中，會協助你快速計算一篇文章常出現的用字，多分析幾篇後，就可以發現該議題是如何被形容的。

舉例來說，想撰寫區塊鏈的產業知識，像是ETH、上鏈、質押、解鎖、驗證者、以太坊、gas 費、公鏈等關鍵字，就是常用的字眼。

以股市領域而言，常用的詞包含做空、做多、看漲、看跌、股匯雙殺、牛市、多頭等，股市專有的形容詞。

步驟3 刻意練習：嘗試動筆撰寫，刻意用字為之

搜集完資料並且理解各產業的不同「術語」後，我們必須要實際動手開始寫作，才可以從「做中學」，並不是單純看完資料後，就能夠習得撰寫陌生領域內容的方法。

這段過程從不熟悉到熟練，大部分都需要花上半年到一年的時間，去實際演練及產出，並且每次撰寫不同的內容及主題，從中優化出不同的內容及想

法，接著次次調整自己的寫作風格，才會感受到成長與改變。

如果想要更快速地進步，可以為自己設下具體的目標，比如一天撰寫三篇文章，每週撰寫不同主題，用量變跟質變，去為自己的人生帶來改變。持續地實作下來，就會開始養成自己的風格與想法，你就會對自己的寫作內容越來越有信心和掌握力。

【技法⑩】

業界才懂的「比報」技巧，抓住爆文的吸睛點

延續上一個技法提到的模擬寫作，這個方法則是媒體圈內常見的「比報」技巧，以媒體從業人員的工作而言，從學生身分到職場，要具備基本判斷力、獨立寫完一則報導，也需要三個月到半年，甚至是更久的時間，而在新聞行業中，每一家新聞企業，每天碰到的新聞都大同小異，除非是獨家新聞。

因為企業的立場、觀點不同，即使是同樣的事件，也會有不同的報導角度

跟寫法，尤其是不同人寫出來的內容，絕對也不一樣，因此這時就可以用「比報」技巧來分析。

同樣的主題，為什麼這樣寫的點閱率最高？

在業界的「比報」，包含了比較撰寫的標題，標題的切角、標題的用字、語境、風格；內文的部分，段落之間的前後邏輯、敘述文字、用詞，若是傳統的報紙，還會比較版面大小及版位順序，藉以理解每一家媒體對於一則新聞的處理輕重及比例。

學者陳順孝曾提及：「比報是發掘行動理論的過程，記者編輯可以從實例中抽繹實戰理論，再用實例來檢驗理論，如此循環實踐，必能讓理論與實務相互呼應、相輔相成。比報是一種彈性的學習方式，沒有標準答案。」

然而，不論是新聞、文章或文案，基礎都是在溝通、敘述一件事情，因此比報的方式大同小異，**關鍵在「比報」本身的行動，將會為你帶來文字敘述的質變，也會累積自己的實力**，在撰寫初期的話，建議可將同樣的主題全部看過一次，比較自己與他人的差異，數量大約至少二十篇。

若不是撰寫新聞，**可以把關鍵字丟到 Google 上，去找你寫過或想寫的相關主題，比較看看，其他寫作者是如何撰寫一篇內容**，過程中將差異的用詞記錄下來，尤其是較為生澀、不常用的字詞，可以幫助你跳脫原先的敘述方式，後續使用在不同文章上，也可以學習到新的文章敘述用法。

除此之外，文章吸引人、留住人心，最重要就是「邏輯性」與「故事精彩度」；藉由比較每一個段落和每一個句子之間，其他作者如何使用連接詞，讓通篇文章有起承轉合、高潮迭起並製造驚喜，強化你日後寫文章的邏輯性和精采度，當然也可以比較部分內容是否枯燥乏味、沒頭沒尾等缺點，把缺點記錄下來，避免自己日後犯同樣的錯。

第四章

突破寫作習慣線，
「字詞轉換練習」
建構文字資料庫

本書從文章基礎架構、標題、內文的細節刪修，到進階的觀察力、資訊搜集、人物寫作等不同的文字寫作技法延伸，學習諸多方法後，相互交叉應用，相信大家也可以快速地撰寫出具備個人風格的文章。

然而要再深化個人的寫作技巧，建立無可取代性，並且將文字力轉換運用到不同場域中，像是撰寫企劃書、活動文案、職場報告等，就需要「字詞轉換」技巧，是非常值得深究的。

前面章節我們講述觀察力、資料庫、標題及內容寫作等技巧，在本章將分享「文詞轉換法」，這個方法是業界寫作人士或是長期大量寫作的人，都一定會的必備技能。因為文詞轉換的關係，牽一髮動全身，換了詞就要變動句子，再往上影響就可能會轉換段落，最後演變成一個主題可以寫出完全不同的文章；又或者是一個段落，我都圍繞著一個主題在講，那要怎麼用不同的名詞來表達相同意思，就考驗文字轉換功力了！

對於文字工作者而言，這也已經是內建、內化的技能，甚至熟到已經忘記自己是怎麼學會這項技能的，這個是《原子習慣》一書中所謂的「習慣線」，從花費心力到不假思索的過程，被稱為自動化。

在最一開始要嘗試新事物時，會需要耗費大量心力與專注，重複幾次後，曲線上升，到超越習慣線以後，行為則會變成習慣，無須多思考，便能直接反應。

這就是為什麼寫作者需要學會字詞轉換，因為不同文字，都會帶給讀者不同的感受及影響力，但前提是，在你大腦的資料庫當中，要有許多字詞的轉換，才能在撰寫文章當中，次次在腦中、鍵盤上練習切換，長久將累積出自我風格，並清楚表達自己的觀點，而不會模稜兩可；所以在這個單元當中，會有大量的自我練習、覆盤，希望你透過文詞轉換的練習，也可以達到不假思索的境界。

動詞轉換練習：找出「同義詞」和「不同義詞」

首先我們先以動詞轉換來練習，會用的方法是「找出同義詞」再「找出不同義詞」之後舉例、改寫。

練習的目的是為了刺激你的腦袋思考，過往如果從未有撰寫文章的經驗，你可能很少直接刻意去練習，但是跟著以下步驟，可以做不同詞性的轉換，藉以從中獲得不同的寫作思維。

【同義詞練習題】：

以「跑步」來舉例，請花五分鐘時間想出七個跟跑步相似的詞。

【不同義詞練習題】：

花五分鐘時間，寫出與「跑步」不同義的七個字詞。

以「跑步」和幾個相似詞，分別構思一個完整句子

〔原句〕早上上班要遲到了，我跑步終於趕上公車。

（1）早上上班，因為快要遲到了，我跑著搭上公車。
（2）為了不讓自己遲到，我小跑上公車。
（3）因為公車要開走了，所以我在馬路上衝刺。
（4）我差點趕不上公車，好在我最後一刻衝上去。
（5）早上上班就要遲到了，還好我趕緊像賽跑一樣趕上車。

（6）公車差點在我眼前**逃跑**，還好我趕上去了。

（7）早上差點遲到，我就在馬路上**奔跑**。

以跑步的「不同義詞」，分別構思一個句子

（1）貓咪**走**在路上的樣子真可愛。

（2）貓咪**爬**到我的身上，想要討抱抱。

（3）貓咪在遇到獵物的時候，會突然有**爬**行的動作。

（4）貓咪**走路**的時候，不會發出聲音。

（5）貓咪在遇到獵物的時候，會緊盯著目標，**匍匐**前行。

（6）獵物遇到貓咪，有時候會**蛇**行躲開，但是因為貓咪的速度太快，有時候躲不了。

（7）當獵物在高處的時候，貓咪會想辦法**攀爬**上去。

以上就是動詞的字句切換，這是一個很簡單的舉例，若我們要應用在文章上，可採取以下的轉換寫法。

〔原文〕

先前選工作的時候，我一直覺得要看公司名氣、薪資，但其實，我覺得直屬主管比什麼因素都來的重要，主管願意教導，不論嚴厲或慈祥，能帶著你成長，調整心態，是工作這條路上最關鍵的關鍵，人人都需要一個好主管。

接著，把相關動詞都轉換成別的詞彙——

以價格的「同義詞」，分別構思一個句子

〔原句〕當我詢問到房屋租金的價格時，房東直接掛電話

（1）當我詢問需要用支付多少租屋費用時，房東直接掛電話。

（2）當我詢問要提供多少酬勞，作為感謝房仲協助找屋的時候，房東直接掛電話。

（3）當我要租屋的時候，我向房東提及我的預算，房東直接掛電話。

（4）當提到租屋的價錢，房東直接掛電話。

（5）當我問要花多少錢才可以租到這個房子的時候，房東直接掛電話。

（6）當我提到我要賺取多少月的薪資，才可以保證長期租這間房子，房東直接掛電話。

（7）當我提到租金價位與其他房屋水平不同時，房東直接掛電話。

（8）房仲協助我找到房子，我提問需要給他多少報酬，房東直接掛電話。

這是生活化的價格字詞使用，那如果是文章運用上，通常提到同個主題的時候，會有一整段都會重複用字，這個時候可以運用轉換字詞的方式，讓你的文章不要這麼繞口，好像一直在繞圈圈，這就是為什麼我們要練習文詞轉換，除了有機會換句話說之外，也可以讓文章中的每個段落不要太相似，否則讀者讀起來會很辛苦。

接著，同樣舉一段短文實例，來練習看看名詞的轉換。

〔原文〕

A廠商不會知道你的成本價格，所以付出高於市價的價格來買你的服務，但也許其中一些事情，你做不來，外包給下游廠商，但你給下游廠商的價格，可能僅僅是收取金額的1％，剩下的價格，都讓你賺走了，而下游廠商也不會知道，原來自己拿到的是不對等的價格。

當同樣的意思，換成不同的字詞：

〔轉換後〕

A廠商不會知道你的成本**價格**，所以付出高於市價的**預算**來買你的服務，但也許其中一些事情，你做不來，外包給下游廠商，但你給下游廠商的**報酬**，可能僅僅是收取金額的1%，剩下的**利潤**，都讓你賺走了，而下游廠商也不會知道，原來自己拿到的是不對等的**費用**。

在原文中，一個段落關於費用的字詞就多達五個！如果全部用一樣的名詞，閱讀起來會相當乏味，所以才需要使用名詞轉換，在撰寫文章的時候，讓文字看起來詞語量豐富又多變。

當你在累積作品的時候，可以透過這樣的方式去建立自己的文字資料庫，久而久之轉換起來就會非常自然，也可以得心應手，讓你的寫作效率倍增。

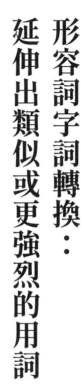

形容詞字詞轉換：延伸出類似或更強烈的用詞

形容詞包含了「物體形容詞」跟「情緒性形容詞」，所謂的物體形容詞，像是「大的」、「小的」、「長的」、「短的」、「高的」、「矮的」等等，如果要轉換用詞，「大」可以變成「巨大」、「龐大」、「超大」，「小」則可以用「微小」、「渺小」、「看不見」等字詞來轉換。

情緒性形容詞本身還能分為負面、正面及中性用詞，負面的像是「討厭」，正面的像是「喜歡」，但其實每一個不同的詞裡頭，也有褒貶不同的涵義存在，甚至是中性用法。

以「討厭」做練習，舉出相似或是情緒更重的形容詞

〔原句〕

不過有些人，可能是自己以前有碰過類似的工作，就假設在A公司也可以用B公司的方法，**因此覺得如果重新問基本問題，是不是太過愚笨**，或者是多問問題，會不會被前輩討厭。

（1）因此覺得如果重新問基本問題，是不是太過愚笨，或者是多問問題，會不會被前輩認為**不合邏輯**。

（2）因此覺得如果重新問基本問題，是不是太過愚笨，或者是多問問

題，前輩會不會看我不順眼。

（3）因此覺得如果重新問基本問題，是不是太過愚笨，或者是多問問題，前輩會不會想逃避跟我接觸。

（4）因此覺得如果重新問基本問題，是不是太過愚笨，或者是多問問題，前輩會不會覺得我不適合這份工作。

（5）因此覺得如果重新問基本問題，是不是太過愚笨，或者是多問問題，前輩會不會因此對我的想法感到作噁。

（6）因此覺得如果重新問基本問題，是不是太過愚笨，或者是多問問題，前輩會不會厭倦跟我交談。

（7）因此覺得如果重新問基本問題，是不是太過愚笨，或者是多問問題，前輩會不會不喜歡我。

（8）因此覺得如果重新問基本問題，是不是太過愚笨，或者是多問問題，會不會讓前輩感到不舒服？

這樣的改寫方式，光一個字詞就可以讓文章有八種呈現感覺，最一開始我們有提到，用詞是有褒貶之義還有中性用法的，因此我們用上述的字詞來簡單的說明各自用法

〈討厭的類似字詞〉

不合邏輯／不順眼／逃避／不適合／厭惡／作噁／不舒服／厭倦／不喜歡

不合邏輯、逃避、不適合、不舒服、不喜歡，這幾個形容詞雖然是負面的用法，但是沒有那麼直接的表達你的主觀就很討厭這個人、這個事情，屬於負面字詞偏向正面的用法。

不順眼、厭惡、作噁，是在中文用詞上，聽到可能感到有點受傷，這就是負面的含義。

至於「厭倦」屬於比較中性，你說不上他是正面還是反面，用起來很保守，

不會有批判之意。

針對每個字詞，還可以繼續衍生字詞練習。比如不合邏輯，也可以改變說法為「邏輯不通、邏輯不順、跟我邏輯不一樣」等等，當你拆解再拆解每個字詞，都會不斷累積自己的詞庫，甚至說話、寫稿過程中大量轉換用詞，你就會磨練出跟別人不一樣的用語，並創造出獨特的風格。

連接詞轉換練習：加上主詞和補充詞，自然拉長段落

連接詞同樣也有同義詞，但連接詞會因為前後段落的緣故，會有不同的用法，所以在這一個章節，我們不先列出字詞，直接用段落來練習看看，如何在不動到段落原意的方式，替換用字。

將「而且」用其他連接詞替換，並加上補充詞

〔原句〕

正所謂貧窮限制了想像，知識的匱乏常讓人覺得自己已經足夠，殊不知當自己認為已經在塔頂時，抬頭看還有個天窗等你伸手攀上去，連結另一個世界，**而且**還有可能不夠高，連爬進那扇窗都有困難。

（1）正所謂貧窮限制了想像，知識的匱乏常讓人覺得自己已經足夠，殊不知當自己認為已經在塔頂時，抬頭看還有個天窗等你伸手攀上去，連結另一個世界，**甚至**還有可能不夠高，連爬進那扇窗都有困難。

（2）正所謂貧窮限制了想像，知識的匱乏常讓人覺得自己已經足夠，

殊不知當自己認為已經在塔頂時，抬頭看還有個天窗等你伸手攀上去，連結另一個世界，而你還有可能不夠高，連爬進那扇窗都有困難。

（3）正所謂貧窮限制了想像，知識的匱乏常讓人覺得自己已經足夠，殊不知當自己認為已經在塔頂時，抬頭看還有個天窗等你伸手攀上去，連結另一個世界，即使這樣做還有可能不夠高，連爬進那扇窗都有困難。

（4）正所謂貧窮限制了想像，知識的匱乏常讓人覺得自己已經足夠，殊不知當自己認為已經在塔頂時，抬頭看還有個天窗等你伸手攀上去，連結另一個世界，然而你還有可能不夠高，連爬進那扇窗都有困難。

（5）正所謂貧窮限制了想像，知識的匱乏常讓人覺得自己已經足夠，殊不知當自己認為已經在塔頂時，抬頭看還有個天窗等你伸手攀上去，連結另一個世界，但其實你還有可能不夠高，連爬進那扇窗都有困難。

（6）正所謂貧窮限制了想像，知識的匱乏常讓人覺得自己已經足夠，殊不知當自己認為已經在塔頂時，抬頭看還有個天窗等你伸手攀上去，連結另一個世界，但事實上是還有可能不夠高，連爬進那扇窗都有困難。

你有注意到嗎？為了讓段落語意順暢，可以在連接詞後面加上主詞，或是一些補充用語，讓語意看起來比較正確，這個就是延長句子的方式，還有改寫的小技巧。

在這一節，我們就試著整合前面所提到的名詞、動詞、形容詞的轉換，來改寫這段原文看看。

〔原句〕

正所謂貧窮限制了想像，知識的匱乏常讓人覺得自己已經足夠，殊不知當自己認為已經在塔頂時，抬頭看還有個天窗等你伸手攀上去，連結另一個世界，但其實你還有可能不夠高，連爬進那扇窗都有困難。

〔改寫後〕

就像大家所說的，貧窮限制了想像，知識的不足，常常會讓人覺得自己已經懂得很多，但殘酷的是，當你以為自己身處塔頂時，往天空的方向一看，竟然還有個天窗在等著你，似乎要你把手伸上去，塞進、擠進那扇窗，探探另外一個世界，但即便你努力踮起腳尖，你還有可能不夠高，就連想要勾到窗沿還有點困難。

上述兩個段落意思是完全一樣的，但是改寫以後，段落從八十九個字變成一百三十八個字，幾乎多了四十字，一個段落就有完全不一樣改變。因此，當你努力耕耘自己的文字資料庫時，刻意嘗試改寫，你就可以寫出不一樣的內容，而且也能運用這個技巧，快速產出文章。

字詞轉換練習，是一段漫長的過程，必須要自律、自主且長期地持續練習，才會看見成效，若想要感受到自己的改變與差異，必須要「刻意練習」，每一天、每一週，撥出三十分鐘到一小時，在電腦前面針對自己的文章內容，重新組合變化，並且記錄每一次書寫的內容與調整後的內容，三個月後、半年後一定會感受到進步。

別忘了，文字的修練是沒有捷徑的，只有你願意動筆、給自己機會，才會有所不同，而你所花費的時間、精力，所累積出的能力，是沒人可以帶走的，願你在寫作的旅程，好好修練、與自己對話，成就新的人生。

第五章

從曝光到行銷，
知識商品化的變現指南

以「創作者」身分而言，許多人第一時間會想到的是「YouTuber」影音工作者，認為只要開始就有機會成功，然而其經營方法因為載體、平台、演算法的影響，各有不同的門檻與挑戰。

要成為影音創作者，最大宗的平台為 YouTube，搭配粉絲專頁行銷，鮮少有人自架網站經營影音內容，除非是講師的付費教學課程影片，則另當別論。在憑藉演算法影響流量的關係，創作者為了要觸及更多大眾、被更多人看見，因此需要時常檢視後台數據，並斟酌發布影片的時段、日期及頻率，有諸多的條件，且近年平台演算法推崇長影音，因此創作者開始從個人走向團隊，有節目製作部門，將影片從過往的三分鐘，拉長到八～十五分鐘，甚至是一小時以上的綜藝節目及實境秀，如「木曜四超玩」、「博恩夜夜秀」、Joeman 製作的內容等。這些內容長度、質感、精緻度，是初期無團隊的創作者無法比擬、也需要投入非常多資源的。

在百萬訂閱的影音創作者「阿滴英文」頻道中，有支影片「我也犯過這些錯！10個新手 YouTuber 的常犯錯誤！」片中提到，YouTuber 的收入是跟流量綁在一起的，所以成為全職 YouTuber 是很高的門檻；影片也提到「內容太多元，是新手常犯的錯，因為一開始要吸引的是精準的分眾」。

YouTuber、影音創作者，雖然較有流量紅利，影音也是未來發展趨勢，然而想以影音創作為起步，需要剪輯、攝影及收音，並且需要有影像說故事的能力，當然也需要有一定的口條能力與基礎，還有面對鏡頭時，眼神、體態、自然度與個性人設，是否會得觀眾喜愛，都是有一定的門檻與條件。

但寫作的曝光平台與管道有非常多，並不會受到單一平台的演算法影響，門檻也相對比較低，只要有一台電腦與網路、能夠打字撰文，在個人粉絲專頁或者各式各樣的發文平台，發表個人意見，你就可以開始第一步。

當開始動手寫作後，你不再只是單純的磨練文字力，而是為自己開啟了創作者經濟之路，在網路社群時代，因著各種平台工具的普及，人人都有機會為自己開啟成名之路，並且透過內容產製打造「個人品牌（Personal

Branding）」，並且跟上知識經濟，以內容達到變現，有些人更進一步成立公司，拓展自己的事業。

相信購買此書的你，也對未來有此憧憬，因此在本書最後一章，**將彙整資訊，帶你用全媒體的視野，去看看每個不同的平台及管道經營方式，以及在知識經濟這條路上，可以選擇的經營方式**。當然，平台及工具會不斷推陳出新，最重要的還是回歸到「你是誰」、「你有什麼故事」以及「你想傳達什麼理念」，才會讓內容發揮影響力。

選擇適合自己的起點：12種平台特色與優劣完全解析

以下舉出的「平台」，定義較為是具備個人識別度、有個人版位，且以文字創作、發布為主的平台，必須藉由外部宣傳「管道」來曝光的地方。其中部分平台也可發布圖片、影音，但主要媒介仍以文字為主的話，也會一併歸類在此。以下排序按照經營難易程度，由淺到深分析。

部分平台名稱之舉例是為了讓不同時代的讀者理解其分類之性質，如蕃薯藤之天空部落屬於部落格性質，於二〇一八年關站，但部分使用者於該年代曾廣泛使用。又，本書出版後，部分舉例之平台也會因商業考量滾動式變動。

（一）部落格：痞客邦、蕃薯藤、馬鈴薯

【經營方式】

- 撰寫文章，以人氣積累為主，讓廠商評估是否可互惠合作，或業配合作，除此外，可插入聯播廣告，以點擊作為簡易收入。
- **以單一主題撰寫為佳**，如親子類、生活類、居家用品分享等軟性主題。

【優勢】

- 簡單易開立，較低門檻與成本，一般人皆可快速成立部落格。有利於Google 搜尋，**適合帶貨網紅**、**旅遊類**、**美食類**等內容分享。

【劣勢】

- 蓋板廣告及聯播網**插入式廣告較多**，讀者易受干擾，且版面較傳統、單一性，不易有個人品牌識別性。

（二）免費平台：Medium、LinkedIn、Dcard、PopDaily

（1）Medium

【經營方式】

免費公開撰文平台，透過專業、職場實用心得，吸引專業人士追蹤關注。

【優勢】

- 版面清新且編輯器簡單易上手，可以設立 Publication，編輯自己的網站版位，除此外也可以多人一起經營內容，將同主題的內容放到同個 Publication 互相導流。
- 後台可以看到簡易的流量，並且可以得知單一篇文章吸引追蹤者的數量，可簡易評估未來可持續創作的類型。

- 前台可以看到其他人的畫線註記重點。
- 有拍手、留言機制，可與讀者互動累積人氣。
- 由於使用者大多也是職場專業人士，因此**較容易建立專業型的個人品牌**。

【劣勢】

- Medium 的整體機制設計，是為了英文寫作者規劃而生，**對於中文寫作者並不是特別友善**，因此當要分享一篇文章時，網址會是將中文換成英文代碼，導致網址落落長。
- **缺乏更專業的數據分析**，雖然 Medium 有點閱率、追蹤率等，但是對於想認真創作的人來說，還會想要搭配 Google Analytics 數據分析工具，但目前無法外掛，也無法建立個人網址，在某部分而言仍缺乏個人品牌識別性。

（2）LinkedIn

【經營方式】

免費職涯平台，雖大多都是履歷建立之處，但不少職場人士會發表個人職場的表現、紀錄於平台上，建立更多的職場機會

【優勢】

・使用者遍及世界各地，發表文章時也會主動推播給追蹤者，版面內容多為專業、職場型內容，**適合想在國際上工作的人士使用**。

【劣勢】

・中文使用者進入 LinkedIn，大多都是求職、尋找人脈為主，較少會專門進站收看內容，因此雖然可以建立專業的職場品牌印象，但普通使用者不會特別進入網站收看內容，因此**建議當做備用平台**。

（3）Dcard

【經營方式】

創作者計畫，成為「卡紅」*，具備個人版位。

【優勢】

- 流量大，每月點閱率破十七億，用戶年齡層大致落在十八至三十歲。
- 雖然須先通過平台創作者的審核，但後續發文門檻較低，也有簡易的個人版位。
- 由於互動高，近年平台推廣創作者計畫，因此若認真經營，單一文章迴響與留言效果不錯，容易建立自信心及成就感。
- **平台近年也開放商業推廣**，因此可在個人版、文章內分享個人其他社群，或者辦活動、交換個資等，聚眾能力高。
- 平台對於卡紅有**主動提供許多美妝及保養品牌、開箱文等不同的合作**。

【劣勢】

- 由於該平台為論壇性質，用戶類型多元，**並有獨特的社群風向**，若不是太理解該平台的用詞、討論風氣，很容易因失言導致眾多版友洗版狂罵。
- 若沒有在使用該社群的人，可能暫且仍無法理解在該平台創作的好處，身分上還較難跟「創作者」直接聯想。
- 目前平台的卡稱*與創作者版位整合在一起，雖有簡單的觸及率跟數據分析，但同樣也缺乏個人網域。

註

卡紅：「Dcard」中文名稱為狄卡，用戶被稱為卡友，有一定人氣的使用者，則被稱為「卡紅」。

卡稱：Dcard 的用戶可匿名或以學校名稱發文，若文章以自訂的稱呼形式發文，該稱呼統稱為「卡稱」。

（4）PopDaily

【經營方式】

創作者計畫

【優勢】

- 主題明確，如美妝、美食等主題，適合想朝女性相關議題發展的創作者。
- 創作者的文章會與官方產製的內容一起出現在官方網站，並無區分，因此對創作者而言，會有產製作品備受肯定的期待及愉悅，藉以產製更多的內容。
- **該平台有分潤機制**，非專職創作者也可以以更輕鬆的心態分享；個人版位也有追蹤數、點擊率等，**發文可依照點閱實際獲得營收**，藉以增加成就感及促發創作動力。
- 平台也因創作者的原生內容，省去增加內容編輯人力的隱形成本。

【劣勢】

- 因平台較偏向女性為主，因此**較適合對女性議題有想法的創作者發展**。
- 若非關注該網站使用者，可能較不熟知創作者計畫，加上平台風格輕鬆較偏向生活，呈現出的創作內容也偏軟性，因此**若是想朝專業知識領域發展，可能會有些許鴻溝**。
- 除此外，平台在個人網址的部分，沒有個人網域，而是將使用者以數字做為編號，較適合作為內容曝光管道之一，若想經營個人品牌還需要搭配其他管道較佳。

（四）收費平台：方格子、PressPlay

【經營方式】

訂閱制平台，平台抽取約二十%服務費。同時也可以發布公開文章，不一定要開啟收費專題。

【優勢】

・**平台功能完整**，提案通過審核即可上架內容，**並可制定個人的內容定價**，**具有個人識別性**，且平台匯集同性質創作者，有熱門排行榜等及對外媒體資源，平台也會以自媒體渠道協助分享個人內容

【劣勢】

・小型或素人創作者，剛起步期時，光是累積免費的流量都有很大的困難，**若一開始就要成立收費專題，恐怕會演變成固定更新卻無任何收入**，大多

需要努力一段時間，才有機會真正達到變現。

※建議初期創作者可先開設免費閱讀專題，建立聲量為主。

（五）外包網站：找專業人士外包架站

【經營方式】

適合想客製化、擴大經營的專業人士或小型公司的創作者。

【優勢】

- **預算足夠的狀況下，網站可全部客製化**，包含網站前端的UI／UX設計、版型、會員機制、付費功能、購物車、訂閱機制、網站的專屬網域、第三方登入、客服系統等完整配套。
- 後台也可以有完整的編輯器、會員資料、數據分析等。

- **找對外包商，整體網站也會較為穩定**，不會有動不動當機或者跑版的問題。當然經營起來也會較為正式，就像一般企業品牌，透過網站快速瞭解如何與你合作。

【劣勢】

- 若非工程師、產品經理、專案經理等背景出身，**一般人對於架設網站，從零開始絕對是外行，會欠缺許多考量**，導致動線設計不良、版位設計出現問題，甚至連字體大小、會員忘記密碼等內容都要重新制定。
- **不建議個人品牌、創作者採取全客製化的網站**，首要是板模型的自架網站就已經很足夠，除非你的商業模式機制太過獨特，否則實在沒有必要，還會不小心花了太多錢。

※外包較適合規模較大的品牌經營者，且需要再三考量是否有必要一次花六位數以上的資金投資這筆事業，因為網站做完後，勢必還要維護及優化，到時又是大筆的支出。

曝光與行銷效益最大化：個人品牌5大管道經營要點

在此的「管道」，指的是較以「宣傳」性質為主的社群平台，可以幫助個人品牌、內容加乘、導流、曝光導流為主。雖然性質本身也是平台，但本質上是以曝光個人聲量為主及增加流量為策略的地方。

（一）臉書粉專：流量紅利已盡，鎖定鐵粉精準行銷

近年社群興起，開粉絲專頁不再是名人限定，每個人都可以透過粉專經營社群，將個人專業與私人領域分開，也能夠觸及陌生客戶，加上現行用戶大多都仰賴社群接收資訊，因此將內容發佈在粉專已經成為主流。

但現今流量紅利已過，「成立粉專」已難以再成為突破百萬追蹤的網紅，**大多個人品牌經營者，要追求的反而不該是高人氣，而應該要鎖定精準受眾、鐵粉**，讓鐵粉離不開你。

既然流量紅利已過，該如何增加觸及？又該如何增加追蹤？**在考慮提高人氣前，應先具備穩定產製內容的能力**，你可以一週發一篇文或兩篇文，且固定時間發文，養成粉絲收看你的文章的習慣。

除此外你也可以將內容「產品化」，也就是維持發布的格式，且自創特

殊規則，像是在標題第一行後有特殊的符號、發文附上一張正方形的圖（且採用固定的顏色與字體）、發文結尾有字數標記、採用懶人包方式敘述故事，當你將內容產品化，長期下來就會開始養成一套個人的風格。

有了內容後，要如何增加觸及呢？

臉書粉專的觸及率，分為付費觸及率及自然觸及率。付費觸及率，也就是投放臉書廣告，大多用以要宣傳商品、導流進入平台購買商品，或者使消費者有「消費動作」，才會使用到付費功能。若你已經是成熟的個人品牌經營者，有自己的作品、商品，那麼自己下廣告或委外下廣告，只要預算足夠都可以有很好的觸及率。

自然觸及率也就是代表以內容吸引讀者，由於演算法常年的滾動式調整，每一年的不同時期經營方法也會有所不同，有時候是長篇文章觸及高，有時候是短篇文章觸及高，有時候是圖片搭文字觸及高，有時則是直播、影片觸及特別高，沒有一定的準則，也代表經營粉專需要特別有彈性、對社群反應需要有敏感度。

自然觸及率的增加關鍵，也與讀者和粉專互動有關，所謂互動行為包含了留言、按讚、分享，針對單篇貼文，若用戶採取相關行動，臉書會自動判定這篇貼文是受眾有興趣的內容，就會自動向外推廣，所以我們可以舉辦免費抽獎、抽書活動，制定公開分享貼文、參加活動的規則，藉以增加自然觸及率。

●運用座標之力：影響有影響力的人，互相拉抬聲量

所謂的「座標之力」，是出自《進擊的巨人》當中「始祖之力巨人」的能力，可藉此控制其他巨人行為，例如進行大規模攻擊或搬運物品，甚至可以命令巨人自相殘殺，發動時可以吸引其他巨人靠攏。

用以在社群媒體上，座標之力就是標記名人，讓名人來留言，藉以單篇貼文觸及提高曝光，吸引對方的粉絲關注自己或者在社群上建立良好互動，讓雙方的粉絲知道兩個名人之間的感情要好。

或者，有名人發布重大喜訊時，許多「藍勾勾」也會互相留言，掀起一股社群風潮，讓社群產生正向的影響力，也是在社群非常常見且有趣的事情。

以二〇二二年五月十九日，藝人黃子佼與孟耿如順利迎接新生兒「黃玉米」，許多藝人、政治人物，紛紛到粉專下方留言，貼文一共累積十六萬個讚，六千多則留言。連黃子佼本人也提到自己平常不涉入政治，但喜事不分顏色，掀起破圈型互動很意外。

除此外，常活躍於各大社群、有八十一萬追蹤者的「聞氫哥」，因為觸及特別好，所以有一段時間，各大粉絲專頁都會試著

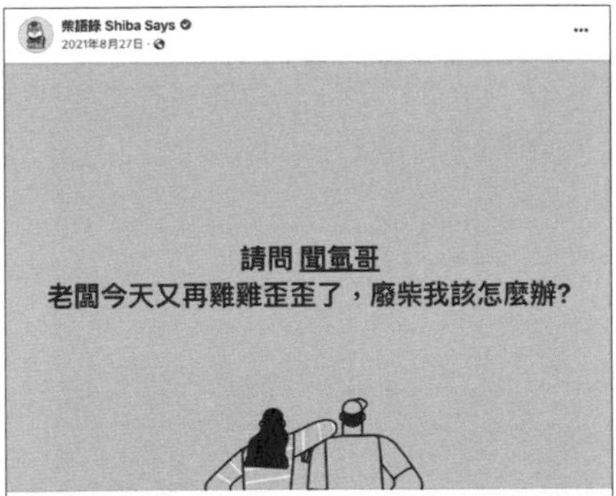

圖／取自粉專公開貼文

tag 聞氫哥來增加自己粉專的人氣與流量，對方也會到貼文下留言，互相增加曝光度，形成了特殊的社群現象。

當然上述例子較為極端，畢竟藝人屬於公眾人物，與一般的內容創作者規模有極大差距，大型創作者也已經自帶流量，因此大家都會自然想要爭取互動增加曝光，但從上述例子更可以反思，當知名人物也仍以社群互動經營粉專，那麼小型創作者、自媒體，更不能鬆懈。

●主動出擊！從引發興趣到分享互動的曝光策略

「AISAS法則」是由二〇〇四年日本電通所提出的新型態消費者行為模式，其基礎則由認知心理學的AIDA變化而來。先談談認知心理學中的AIDA，是在一八七〇年代首次被提出：

A——代表注意（Attention）

I——引發興趣（Interest）

D——慾望（Desire）

A——行動（Action）

消費者在決定是否要購買一個品牌時，會先注意（A）到這項產品（人），也許是因為品牌、各種行銷管道，在注意階段會是認知到有這項產品（人）的存在，但進一步，若購買者正好需要就會進一步引發興趣（I），多次在各種感管道看到時引起購買慾（D），接著你的慾望引起想要購買，那麼就會讓你採取下單的行為（A），就達成品牌（想認識人的人）的目的了。

那AISAS法則和AIDA差異又在哪？AISAS是從AIDA延伸而來，整體流程包含了：

Attention（注意）→Interest（興趣）→Search或Social（搜尋及社群）→Action（行動）→Share（分享）

因為時代不同，學術理論也會轉型，在現代消費者除了被動的接受、注意資訊（Attention）外，有興趣、想了解（Interest）還可以主動搜尋資訊

（Search），並且購買（Action），最後認同後分享（Share）產生社群口碑。

雖然此理論被廣泛應用在討論「消費者購買決策」過程，但和我們想認識、想接觸新的人，並且與他有社群上的互動，讓雙方彼此可以達到社群分享的友好狀態，是同樣的過程。

●沒有往來過的名人，如何引起對方的興趣？

有一回我想認識一位從未接觸過的知名講師來到我所舉辦的活動，因此我先在個人的臉書公開貼文，發布了一篇讀書心得，接著隔幾天私訊對方，向他完整地自我介紹。此刻引起了對方的注意（Attention）。

試想，當你收到一個陌生人訊息時，你第一件會做什麼事？

絕大部分都是點開對方的個人資料，看看他的公開發文對吧？

沒錯！掌握這點心理因素，對方看到我個人資料時，第一篇就是我分享閱讀完他書籍的心得。此刻為止，引發了對方的興趣（Interest）。

進到下一階段，因為我在訊息上附上了自己的粉專跟個人網站，也發布了他會有興趣的內容，因此對方也在我的貼文上按了讚，此刻我也確定，他有搜尋過我的個人資料，這時候已經讓對方進入了搜尋（Search）及Social的階段。

後來對方回覆我訊息，在一來一回的談天中，他確信我提供的資訊是對他有幫助，且他也喜歡的事情，因此他確定會出席我們的活動，也就是達到行動（Action），大概只花了兩天的時間。後來相隔幾週，那位人物參加活動後，他發布了參與心得（Share），並且從我標記他，到他標記我，後續則維持了更深厚的互動連結與幫忙。

這就是一套完整運用AISAS法則，串起座標之力的方法，我們也可以說座標之力是一種表面的現象、最後的成果，反而在前期醞釀需要花一些時間，但是一旦成功，就能夠維持長期關係，就算繞一點遠路也沒有關係。

（二）臉書社團：受眾集中、互動高，增加人氣機率高

如果說粉專是要吸引陌生大眾，那麼臉書社團則是將互動更高的粉絲凝聚在一起的方式。

由於粉專受到演算法限制，有時你發再多文也沒人看見，但臉書社團就不同了，社團有許多管理功能、社規、導師制度、徽章等，由於社團可以設定為私密或公開，不少用戶也會感到放心，只要經營得宜，互動也會提高，藉以增加社員之間的情感。

文字工作者常見在每出版一本書籍時，將讀者拉進同個社團中進行互動，由於大家都有相同喜好，因此留言互動特別高。除此外，文字工作者若開始有線上課程產品，也會將購買的學員加入同個群組，藉以拉近個人品牌經營者的距離，讓鐵粉更加黏著。

利用臉書社團的性質，主動推廣、發文，為自己增加社群知名度，像是當你每發布一篇文章時，你就可以找類似主題的社團，主動推廣自己的內容，藉以讓社團中的人可以知道你的作品，慢慢積累增加自己的人氣。

不過，在發文前必須要特別注意每個社團的板規及性質，不要像罐頭訊息一樣到每個社團複製貼上訊息，而是要因地制宜地改變文字宣傳的敘述，才不會有發錯版、跑錯場的感覺，導致被封鎖或踢出社群。

除此之外，也要注意如果這個社團言明不歡迎工商，或是不能在正文貼上連結、要先經過管理員許可等規定，請務必要遵守這些規範。

以下是臉書上知識性的社團列表，大家可以觀察看看哪個社團接近自己的文章屬性，嘗試和團友互動。

寫作或閱讀	
書，美食與閒聊！ 電子實體書不限！	閱讀教我們的五件事社團版
工作生活家｜新世代工作者社群	BOOKing 閱讀心得（書評，書宣）
職涯實驗室 Career Design Lab - 職場、求職、轉職交流分享社群	HyRead Gaze 同學會｜新書 x 好書 x 書單 x 心得分享
【書粉聯盟 - 共讀的力量】打造自己的軍師聯盟 讀書會 社群學習 創造改變	全國學習相關之課程、活動與場地資訊平台
啾啾鞋的好書啾察隊	30 天寫作社團
寫作二三事 ~ 邁向出版之路	Matters 寫作者聯誼會
Medium 中文寫作者聯誼會	Medium 中文寫作者聯誼會
鋼鐵 V ・職場思領域	職場井：工作生產力，向內管理社群 Work Productivity Don
Meet.jobs 分享全球工作資訊	幸福天地 (兩性關係 , 生活 , 工作…討論與分享)
倡議家：社會創新一起來	職場講堂：給上班族的心理學
職場學習教育學院	Working in Taiwan
職涯丼 Career Don	實習透視鏡 Intern Lens
各式課程分享	
台南課程資訊分享	彰化課程 / 親子活動資訊
工藝手作及各類課程、展覽資訊	高雄五花八門訊息分享

好課。好活動。搜集。共享。	【花蓮】藝文之展覽 / 活動 / 市集 / 表演 / 影展 / 講座 / 課程 - 分享專區
【台東藝起來】- 藝文 . 展覽 . 活動 . 市集 . 表演 . 影展 . 講座 . 課程 資訊分享	綜合課程分享 (非創業課程)
I 台南好學 I - 課程、活動資訊分享	免費心理、教育、社工課程資訊
學習活動公佈欄	新店活動報
台南活動報大家	成長課程 / 講座 / 訓練 分享資訊站 [嚴選]
公益講座 / 訓練課程 / 社大課程 / 讀書會 / 手作教學 / 命理教學 / 心靈課程 /	愛好學習者～課程講座資訊大搜集
講座，課程，座談等各種活動平台	高雄免費演講 / 講座 / 活動資訊分享平台
斜槓職能職涯增能充電站	高雄課程 / 認證課程 / 訓練 / 講座 / 活動分享
免費 [課程][活動][講座][興趣班]	活動 / 手作 / 娛樂 / 講座 / 展覽 / 課程 / Accupss & facebook 宣傳分享
創業及事業經營課程分享	
創業青年 - 生意合作區	台灣夯創業 - 講座活動
【斜槓學生】SlashStudent / 一個專屬學生的社群交流空間	上班族副業分享社
Coworking Taipei 台北創業人	Start-upTaiwan 創業行動家
斜槓 /Slash/ 職涯	學長姊說
職場素養與領導力社團	朵朵寫作坊
職涯實驗室 Career Design Lab - 職場、求職、轉職交流分享社群	XChange

（以上社團公開或私密設定可能會有所變動，名稱在未來也可能更改。）

(三) 官方帳號「Line@」：最好搭配其他管道一起使用

想讓自己的訊息主動被受眾接收的話，成立 Line@ 是一個很好的方法，且申請開通 Line Business 帳號是免費的，不一定要是公司行號，個人也可以。另一方面，Line@ 基礎功能對小型創作者也已經很實用，是屬於素人創作者與粉絲維繫情感的好方法。

大多未接觸 Line@ 的人，可能會以為後台設定相當困難，但其實官方都有教學步驟，即使是個人也可以設定關鍵字機器人訊息、多頁訊息、圖文訊息，甚至也可更改選單圖片，只要用心經營，也可以透過此工具建立個人形象。

但建議在經營 Line@ 之前，搭配個人的官方網站或粉專一起宣傳會比較好，因為 Line@ 是需要用戶主動搜尋加入好友，才會開始推播訊息，這和粉

Line 官方帳號
經營秘笈

專會有機會觸及到陌生客的方式又不同，所以建議要搭配其他管道一起使用，才能增加追蹤者。

（四）Instagram：鎖定年輕族群，貼文風格和限動是經營重點

許多年輕族群已經不再使用臉書了，甚至臉書只是純粹滑影音的地方，因此針對九五後、〇〇後的族群，經營 Instagram 才是較合適的管道。

Instagram 分為個人檔案、貼文、限時動態及二〇二二年才剛推出的 Reels，且同時也可以投放廣告，增加陌生觸及。

（1）個人網站

在個人檔案增加網址，是將用戶導流到個人網站的第一解方，若有多樣的網站、課程，可以使用整合管道，例如國外的 Linktree、台灣新創的「傳送

少女凱倫
傳送門

將所有個人網站整合，點擊一個網站就能看到全部。

門」工具，將所有網址整合到一個網站，讓ＩＧ用戶點擊一個網站，可以快速看到你所有的內容。

（2）貼文

呈現形式以「方形圖片」為主，一次最多可以放到十張，張數限制也有可能調整，大部分經營者會以圖片搭配文字的方式經營，且圖片之間風格、色調、取景連貫、統一，養成個人特色及版面風格。

依照使用者習慣，並不會因為更新頻率影響一般人對創作者的觀感，因此著重在版面設計反而是此平台的特性。

（3）限時動態

前幾年 Instagram 用戶較習慣更新貼文，但自二〇一六年限時動態功能上線後，由於其二十四小時自動下架，具備了窺探性，激發大眾好奇心，又每個片段僅有十五秒長度，快速抓住眼球及注意力，讓大部分人使用行為已經大大改變。

透過限時動態的發布，有兩個優點可以大幅地增加觸及率。

① 限時動態增加連結導流：在限動可以增加小工具，透過增加「連結」，便可以將用戶導流到外部網站，提高網站觸及。

② 限時動態的座標之力：前面提到的座標之力，是粉專公開標記，而限時動態則是在限時動態當中 tag 名人，名人被標記後，可以再直接透過限時動態轉發，此功能較為順暢，而因社群使用習慣已成趨勢，所以大多品牌、名人都可以接受被單方面的標記。

（五）Google：關鍵字優化，讓網站登上搜尋結果第一位

針對個人網站的曝光法，若不仰賴其他管道，便需要回歸到最核心的關鍵，也就是「內容經營」。在 Wordpress 的編輯器後台，有關鍵字優化的數值

評估，除此外大部分陌生用戶在搜尋一件事情，會傾向點擊第一個或第一頁出現的搜尋結果，SEO的優化跟經營，目的就是為了讓自身的內容、網站可以擠進Google搜尋第一頁，讓人直接導流進你的網站，長期在你所處的專業領域，建立聲量口碑。

在經營SEO時，必須為自己設置關鍵字，你希望其他人會如何看待你，就為自己設定幾個文字標籤，像是斜槓、產品經理、設計師等不同的主題，只要是你想傳達的都可以。

在撰寫內容時，可以刻意將你所設置的關鍵字置入文字當中，久而久之，當其他人因為搜尋相關主題而進入到你的網站時，SEO排名順序也會逐步往前。

延伸合作機會，開啓全方位的知識經濟事業

上述提到平台與管道，應該已能深刻感受到，在知識經濟的時代，文字創作者不像過往可堅持單純以文字維生這種天真的想法了，因著許多平台及社群的興起，有了更多的合作機會，這些機會有增加聲量的，也有增加變現機會的，為了要讓每個機會來臨時，我們都能把握住，因此全方位累積技能，才能幫助自己成就更好的人生，本節將分析各種延伸機會，以及整理其經營的注意事項。

（一）稿件邀約：無酬不一定吃虧，是增加觸及的機會

寫作一段時間後，大多會出現的第一個合作是稿件邀約，其中可以再分為有稿酬邀約或無稿酬邀約。

有稿酬邀約通常會是希望你重新撰寫一篇文章，放在對方的官方網站上，著作權雖然在你身上，但若需要使用，還是必須要經過對方同意才可轉載，或者是直接分享對方的官方網站，讓讀者導流進合作網站當中，才是較為道德且聰明的合作方式，此類稿費幾乎都是以字數計算，新手價約一字一元，好一點的行情價則可能到一字二～三元。

無稿酬邀約，通常是將你已經寫好的文章，直接轉載到對方的官方網站上，不需要特別重寫，因此文章本身的運用還是可以自己掌握、控制，雖然無稿費，但好處是，你的文章可以觸及到更多用戶，也會累積初階的外部合作經

驗，算是一種資源交換。

（二）演講：除了文字之外，口語表達、肢體演說也是必備技能

開始有人氣累積後，會有不同形式的演講上門邀約，包含校園演講、班級性質演講、營隊性質演講等，或者再大一些的像是企業演講、政府單位演講、商業演講，都有可能會碰到。

有演講機會後，一開始最難以掌控的是能否在時間內講完內容，不會超時，或者是否講滿主辦單位預定的時間，不至於太空泛。一場演講通常分為半小時、一小時，長則兩小時，或者六小時的工作坊，因此考量到活動性質與流程，事前必須要好好準備，或者透過每次的演講經驗，視情況調整內容。

除此外，**因演講已經跳脫了純粹文字撰稿的能力，涉及到了公眾演說、肢**

體表達、口語表達、簡報製作以及台風等訓練，初期開始接演講時，個人表現必定相較不成熟、缺乏經驗，表現較為生硬是很正常的事情，所以初期的演講費用可能相當低，會建議將焦點放在以賺取演講經驗為主，從線上走到實體，才有機會邁入收費的可能，不過此時也已代表你的個人品牌具備小眾的影響力了，持續積累經驗跟個人聲量，時薪也會逐步提升。

（三）產品試用體驗：互惠、業配或團購，一定要評估「個人形象」

如果你的形象維持良好，會有合適的廠商上門來尋找合作，廠商可能有大有小，要不要接觸，就看個人想要發展的程度，而合作方式通常有以下三種：

（1）互惠

不會支付稿費，但廠商會贈送產品體驗，並且不回收產品（少數廠商會回收），讓你實際使用後撰寫社群貼文。這樣的操作大部分是品牌在執行「口碑聲量」的合作，由於沒有稿費，因此可以真實地撰寫出使用心得，在內容上，沒有特別受限一定要露出何種關鍵字或者導流網址，**這樣的合作方式對於部分沒有想要營利的創作者較為輕鬆**，也能夠免費拿到產品，可以感受到人生多元的體驗。

（2）業配

涉及到業配就已經到了商務合作層面，通常廠商會先詢問你的報價，也就是一篇貼文的價格是多少，初期的創作者對自己的價位沒有概念，再加上市場自由機制，報價沒有固定的規則，通常都是談出來的，所以只有雙方是否都能接受而已。

合作方式的報價，可以先評估自身是使用何種平台，假設是部落格為主，臉書導流為輔，那可以以單一篇文多少字數、多少圖片的方式計價，分享到社群的費用則拆分來計，簡易製作範本如下，價格就看個人評估適合多少，透過分開計價的方式，讓廠商挑選合作的方式。

（3）團購

若廠商評估你有帶貨能力，通常也會有團購的合作機會，團購同樣會先寄產品試用，並且採用銷售分潤的方式來推廣產品，也就是透過你的撰文、分享，讓消費者進入到團購頁面當中，輸入折扣碼或各種追蹤轉換的方式下單，讓創作者抽成。

● 報價範例參考（非真實數字，可依自身評估出價）

項目	規格	費用
部落格 撰文	字數 1000 字＋ 5 張圖片 含商品連結	5000 元
社群 推文	一篇社群貼文＋ 5 張圖 含商品連結	5000 元
開放臉書 廣告主權限	使用權限一週	3000 元

抽成通常不涵蓋基本費，也就是沒有賣出商品，這個合作就完全不會有收入，一般抽成分潤%數大約會落在12～20%左右，創作者不用負責寄送，只要負責推廣即可。因此在執行此類合作時，必須要評估商品是否符合個人形象，以及自己有沒有帶貨的能力，如果沒有的話，廠商嘗試過一次零轉單，那可能之後也不會再找你合作了，畢竟廠商就是以導購跟帶貨為主，零轉單也不需要太氣餒，只是自己現階段不適合而已。

好的團購廠商，通常還會為你建置個人頁面，提供免費的產品試用、不需歸還，因此如果不太在意轉單，或本身也不太喜歡業務銷售，基本上還是會有些許好處，但對廠商而言可能就會評估後續是否要繼續合作。

（四）書籍掛名推薦：用知識型商品建立自身正面形象

如果你熱愛閱讀，常常分享書籍閱讀後的心得感想或與書籍相關的內容，就會有出版社陸續找上門，通常一開始都會像是互惠合作一般，提供免費書籍，讓你在社群上撰文分享，甚至舉辦抽書活動，互惠建立聲量跟導購書籍。**由於書籍屬於知識類型商品，多分享書籍也會為自己建立正向良好的形象**，另外更有以下三種進階的合作方式。

（1）純掛名推薦

在書籍封面上掛名，或者在網路上掛名推薦，此刻已代表你在該領域有一定的信任資產，讓出版社願意相信你的推薦，會有更多人喜歡這本書。

（2）掛名推薦＋推薦小語

除了掛名推薦外，出版社會請你提供二十～五十字的短語，為這本書背書，增加讀者購買機會。

（3）掛名推薦＋專文推薦序

你可能在此領域具備高聲量且有一定知名度，出版社希望你可以專門寫一篇文章，約莫八百～一千字，收錄在書籍當中，讓讀者一翻開頁面，就可以先透過你的視角來看這本書。推薦序是蠻多讀者決定是否要購買書籍的關鍵，此類合作通常也會有基本的稿費報酬。

（五）活動參與及舉辦：考驗軟實力鍛鍊出的成果

當你開始有對外合作的經驗，也可以試試自己籌辦活動，或者接受其他活動合作的邀約，累積更多的創作者經驗值。這類的合作方式有線上也有實體，大致分類如下：

（1）線上直播

直播活動近年已經算是基礎的媒體技能，直播方式有相當多種，從簡單的手機、電腦搭配粉絲專頁、個人臉書、YouTube、Instagram 直播，到需要運用技巧、設計美工圖片的軟體Zoom、SreamYard、OBS等不同的直播軟體。

直播雖然看起來一切自然，但仍需要事前規劃整體流程，**因為包含直播主軸為何、要傳達何種資訊、何時回覆網友留言、如何創造互動等，都是開啟直播需要注意的小細節。**

另一方面，若為單人線上直播，稍無經驗者，較不會自問自答、帶動氣氛，可能會乾在螢幕前面，造成一片尷尬，但若表現良好、具有好的口條、表情等肢體表達，也會容易吸引讀者、受眾的注意力。除此外，許多人不會在第一時間上線追播，反而會以事後回看的方式跟上，因此也不需太在意上線人數過少的問題。

（2）線上活動舉辦

線上活動與直播的差異在於會有主持人及來賓角色，突破一個人對螢幕講話的尷尬。這時候就要先理解誰為主辦方、誰為參與方，如果你是主辦方，必須事前提供直播流程、訪談問題、活動流程、參與人員背景等資訊給對方，雙方也需要在事前確認設備、聲音、影像都沒有問題，現場直播時才不會出錯。

線上活動如同視訊一般，雙方如何拋接球，創造有趣的互動，並且不忽略線上參與者，也是技巧之一。這些雖然看似都與寫作無關，但在本書前言就強調，「寫作」會培養出其他額外的能力，像是企劃力、邏輯思考力及口語表達能力等，因此透過寫作迎來其他機會都很正常，你要做的就是把自己準備好，別等到機會來臨時才準備，就已經來不及了。

（3）影音及音 Podcast 受訪、採訪

因著影音及聲音經濟的興起，擁有自己的 YouTube 頻道、Podcast 就像全民運動，許多人也會透過此機會採訪別人，藉以增加人脈、磨練個人的溝通能力及經驗，因此你有機會採訪別人，也有機會接受訪問。

關於人物採訪技巧，可使用第三章的〔技法 6〕，若你今天是受訪者，需要注意對方的節目主軸為何，你的回答如何緊扣主題，讓訪談不要失焦。

除此外也可以事先了解成品的時間長短，藉以評估自己在訪談中要說多

少的話，假設整體影片才十分鐘，但你講了四十分鐘的話，那勢必有超過三十分鐘的內容會被刪減，你的語意就會表達不完整，導致看起來斷斷續續，**因此事先預知成品的時間，才能知道每一個題目要回答多久，可以準備短版跟長版的敘述**，把自己準備好才可以呈現更專業的一面。

（4）各類型實體活動參與／舉辦

每個人都有機會被邀請去參加實體活動，這是一個可以面對面與其他來賓交流的好時機，或者為了想認識更多人，特別去參與活動，藉此與來賓、作家、參與者有更多的認識、相互交換名片、社群，是累積線下人脈的好方法，也可以為未來埋下潛在的合作機會。

除此外，等有一定的能力時，也可以自己舉辦活動，初期以免費活動、打造聲量為目的，中後期可逐步收費，開始往知識商品化的方向發展，像是辦理兩小時的演講、六小時的工作坊，用自己的專業知識帶領參與者向你學習。

當然活動舉辦本身有一定的門檻與注意事項需要綜合評估，像是活動場地（環境、交通）、預算、人力（驗票、場地佈置、視覺設計、攝影師）、活動流程、教材、招生、定價等繁複的事項，因此如果沒有經驗，活動可能也不一定辦得好，反而會影響形象，建議要舉辦活動得好好規劃再執行，不過一旦成功辦理幾場，接著就會開啟下一步「知識性商品孵化」的階段。

（六）知識性商品孵化：書籍、線上和實體課程的多元呈現

從事個人品牌、成為創作者，最終的路都會希望有機會達到知識變現，或者不知不覺迎來內容變現的機會，如果沒有團隊協助，必須要自己從零到一完成，因此更需具備多元技能，或者與外部單位合作，每人各司其職在專業上努力，一起共創價值，也是很好的合作方式。

（1）書籍出版

熱愛寫作且內容專業，可獨立完成文章且個人又具備網路聲量的話，出版書籍是已不是太大的問題。出書就像把自己的思考邏輯統整成一本秘笈，把長達五年、十年甚至二十年的經驗，用六萬字到八萬字述說，並讓讀者可快速汲取經驗。

出版書籍與寫作文章又有極大不同，書籍有整體的主題，但文章沒有，因此寫書需要有大量的資訊、完整的架構，並與出版社合作，共同完成一本好書。出版書籍雖然不一定會大賣、熱銷，但會迎來身分上轉換，從撰稿者、部落客升級成為「作家」、「作者」，外界對自己的觀感也會有所不同。

若第一本書賣得好，就很有機會出版第二本，但前提是要評估自己是否真的可以獨立完整一本書。大多人也關心版稅，通常以新手作家來說，版稅大約是書籍定價8%，並在依照銷售量階梯式調整，假設達到一萬本以上，可能分潤%數會來到10%∫13%，每一家出版社規則有所不同，因此簽約時需要特別留意。

（2）線上課程開課／錄播課

因疫情影響，線上課程在台灣也更加盛行，許多講師會將自己長年開設的課程以錄製播放的方式進行線上募資及販售，對於講師而言，無需每月、每年重複講授課程，省下不少時間，可以更專注地帶領高階的學員或企業內訓。

另一方面，因為已經是錄製好的課程，成本不會變動，**因此只要等到成本回收後，基本上就可以算是被動收入的一部分**，對於專業講師而言只有好處沒有壞處。

線上課程事前準備包含前期的問卷調查、腳本規劃、課程大綱擬定、課程逐字稿撰稿及視覺設計，中期的募資、宣傳、行銷，到後期的錄製、上架等各自不同的專業領域。

製作方式可以分為自製課與對外合作，自製課也就是自己拍攝課程，完成上述所有流程，並且上架到個人的開課平台，如開課快手（Teachify）、Teachable 等，好處是無需被抽成、對課程控制權也比較多；缺點是因為所有工作基本都是一人作業或管理，可能會讓製課者分身乏術，無法好好專注在內容產製、分散注意力，除此外若不熟悉攝影拍攝流程等，需要找外包團隊，會需要花額外的預算，若又找錯攝影團隊，可能影音質感不佳，影響收益。

外部合作則是與Hahow、PressPlay、Yotta等各種不同的線上課程平台合作，每一家平台合作方式有所不同，有的出行銷資源，有的甚至協助錄製課程及視覺設計等，由於是合作，所以課程會採分潤方式拆潤，且因為有團隊專責行銷，實際營收通常會比一個人努力來得高，是省時省力、專注內容的好方法，但前提是，你的產品值得團隊花心力投資，如果沒有的話，也不一定有合作機會。

普遍的線上課程定價會落在一千六百元到兩千五百元不等，主打精緻課程的內容則可能突破上萬元，不論是哪一種做法都沒有好與壞，只有自己適不適合、能不能接受、市場願不願意買單，才是重點。最後良心提醒，線上課程製作是非常需要門檻的，需要做好萬全準備及規劃，否則真的會弄得自己心累又耗費時間。

（3）文字訂閱專欄、收費電子報

如果只想好好以文字發展當然也是可行的，在現今也有屬於文字創作者的平台、收費電子報，並採用訂閱制的方式可為自己增加營收。

所謂訂閱制，也就是定期定額支付，每月收費一定的金額，讓創作者本身具有被動收入，採用訂閱制需要對訂閱者「承諾」，比如每月固定發四篇文章等規則，讓用戶願意定期持續支持。

訂閱制最關鍵的判斷是留存率，增加留存率的方法首要還是內容是否為用戶所需、有沒有市場價值，其次是搭配一些機制，讓用戶不取消訂閱，比如刷卡一次綁約十二個月且自動續約，用機制綁定，養成用戶習慣。另一方面，因為訂閱制等於會員經營，所以可設計會員專屬內容、提前獲知獨特資訊等，與公開內容作區別，增加會員黏著度。

定價部分，可以先估算成本，再定價，假設你的訂閱制本身只有文字內容，只有付出時間成本及電子報或網站的小額成本，那定價落在每月五十元到一百五十元，都在合理範圍，且不會造成用戶負擔。但如果你的訂閱制本身跳脫文字，甚至提供實體商品、活動、課程等，那每月一～兩千元也不為過，主要得評估是否能讓收入大過支出，還有是否有心力維持，才是關鍵。

但若沒有耐心定期產製內容，恐怕不適合訂閱制唷！這點一定要請你多注意。

（4）實體課程授課／工作坊

如同實體活動舉辦的細節繁複，但實體課程工作坊，通常會先準備教材、實作、演練等幾個要素，畢竟學員是希望從你身上獲得技巧，並實際應用，因此反而講師說得少、學生做得多，才會達到課程的效益。

實體課程的內容常常也可以作為線上課程產品、書籍出版的基礎，因此大多講師開設實體工作坊，主題大約鎖定一到三個，透過實體市場驗證，接著衍生出其他知識性商品，讓自己可以減少更多的力氣。

另一方面，實體工作坊可以與講師直接面對面互動，有時可能幾小時就突破自己多年來的盲點，因此定價也會稍微比較高一些。

——

從文字起步，到中間下苦功磨練寫作技巧，最後打造專屬的知識性商品，一切都是因著文字而生，世上沒有一件事情不需要耗費心力，但只要你願意開始投入，把時間花在自己身上，任何學習都會重新回饋到個人，並且為你帶來意想不到的人生新機會。

寫作是一種生活方式，「Never too Late」，選擇一個適合你的平台，決定要下筆的內容和主題，開始寫吧！

富能量 043

15 分鐘寫出爆紅千字文

拆解文章高點閱、高轉發的吸睛原理，讓寫作興趣成功變現的自我實踐專書

作　　者：少女凱倫（花芸曦）
責任編輯：賴秉薇
封面設計：FE 設計
內文設計：王氏研創藝術有限公司
內文排版：王氏研創藝術有限公司

總 編 輯：林麗文
副 總 編：黃佳燕
主　　編：高佩琳、賴秉薇、蕭歆儀
行銷總監：祝子慧
行銷企畫：林彥伶、朱妍靜

出　　版：幸福文化／遠足文化事業股份有限公司
地　　址：231 新北市新店區民權路 108-1 號 8 樓
網　　址：https://www.facebook.com/happinessbookrep/
電　　話：（02）2218-1417
傳　　真：（02）2218-8057
發　　行：遠足文化事業股份有限公司（讀書共和國出版集團）
地　　址：231 新北市新店區民權路 108-2 號 9 樓
電　　話：（02）2218-1417
傳　　真：（02）2218-1142
電　　郵：service@bookrep.com.tw
郵撥帳號：19504465
客服電話：0800-221-029
網　　址：www.bookrep.com.tw

法律顧問：華洋法律事務所　蘇文生律師
印　　刷：中原造像股份有限公司
電　　話：（02）2226-9120
初版一刷：2022 年 08 月
初版六刷：2023 年 10 月
定　　價：360 元

Printed in Taiwan

國家圖書館出版品預行編目資料

15 分鐘寫出爆紅千字文：拆解文章高點閱、高轉發的吸睛原理，讓寫作興趣成功變現的自我實踐專書 / 少女凱倫（花芸曦）著 . -- 初版 . -- 新北市 : 幸福文化出版 : 遠足文化事業股份有限公司發行 , 2022.08
面；　公分
ISBN 978-626-7184-04-2(平裝)

1.CST: 網路社群 2.CST: 網路行銷 3.CST: 寫作法

496　　111011246

讀者回函卡

感謝您購買本公司出版的書籍，您的建議就是幸福文化前進的原動力。請撥冗填寫此卡，我們將不定期提供您最新的出版訊息與優惠活動。您的支持與鼓勵，將使我們更加努力製作出更好的作品。

讀者資料

●姓名：＿＿＿＿＿＿＿＿ ● 性別：□男 □女 ●出生年月日：民國＿＿年＿＿月＿＿日

●E-mail：＿＿＿＿＿＿＿＿＿＿＿＿＿＿＿＿＿＿＿＿

●地址：□□□□□ ＿＿＿＿＿＿＿＿＿＿＿＿＿＿＿＿

●電話：＿＿＿＿＿＿＿＿ 手機：＿＿＿＿＿＿＿＿ 傳真：＿＿＿＿＿＿＿＿

●職業：
□學生 □生產、製造 □金融、商業 □傳播、廣告
□軍人、公務 □教育、文化 □旅遊、運輸 □醫療、保健
□仲介、服務 □自由、家管 □其他

購書資料

1. 您如何購買本書？□一般書店（ 縣市 書店）
□網路書店（ 書店） □量販店 □郵購 □其他
2. 您從何處知道本書？□一般書店 □網路書店（ 書店） □量販店 □報紙□廣播 □電視 □朋友推薦 □其他
3. 您購買本書的原因？□喜歡作者 □對內容感興趣 □工作需要 □其他
4. 您對本書的評價：（請填代號 1. 非常滿意 2. 滿意 3. 尚可 4. 待改進）
□定價 □內容 □版面編排 □印刷 □整體評價
5. 您的閱讀習慣：□生活風格 □休閒旅遊 □健康醫療 □美容造型 □兩性
□文史哲 □藝術 □百科 □圖鑑 □其他
6. 您是否願意加入幸福文化 Facebook：□是 □否
7. 您最喜歡作者在本書中的哪一個單元：＿＿＿＿＿＿＿＿＿＿＿＿
8. 您對本書或本公司的建議：＿＿＿＿＿＿＿＿＿＿＿＿

＿＿＿＿＿＿＿＿＿＿＿＿＿＿＿＿＿＿＿＿＿＿＿＿

＿＿＿＿＿＿＿＿＿＿＿＿＿＿＿＿＿＿＿＿＿＿＿＿

＿＿＿＿＿＿＿＿＿＿＿＿＿＿＿＿＿＿＿＿＿＿＿＿

＿＿＿＿＿＿＿＿＿＿＿＿＿＿＿＿＿＿＿＿＿＿＿＿

＿＿＿＿＿＿＿＿＿＿＿＿＿＿＿＿＿＿＿＿＿＿＿＿

請沿虛線剪下，黏貼好後，直接投入郵筒寄回

廣	告	回	信
臺灣北區郵政管理局登記證			
第 14437 號			

請直接投郵，郵資由本公司負擔

23141

新北市新店區民權路 108-4 號 8 樓

遠足文化事業股份有限公司　收

15MINUTES

少女凱倫 花芸曦 —— 著

15分鐘寫出爆紅千字文

拆解文章高點閱、高轉發的吸睛原理，讓寫作興趣成功變現的自我實踐專書

幸福文化　書名　15分鐘寫出爆紅千字文　富能量 043

幸福
文化